中国生态系统服务与管理战略

主　　编：陈宜瑜 Beate Jessel
执行主编：傅伯杰 于秀波 Jamie Pittock

中国环境科学出版社・北京

图书在版编目（CIP）数据

中国生态系统服务与管理战略/陈宜瑜主编. —北京：中国环境科学出版社，2011.9

ISBN 978-7-5111-0534-9

Ⅰ. ①中… Ⅱ. ①陈… Ⅲ. ①生态系—系统管理—研究—中国 Ⅳ. ①Q147

中国版本图书馆 CIP 数据核字（2011）第 047067 号

国家测绘地理信息局地图审核批准书审图号：GS（2011）1024 号

责任编辑 李 力
文字编辑 焦黎鹰
责任校对 扣志红
封面设计 玄石至上

出版发行 中国环境科学出版社
（100062 北京东城区广渠门内大街 16 号）
网 址：http://www.cesp.com.cn
联系电话：010-67112765（总编室）
发行热线：010-67125803，010-67113405（传真）
印 刷 北京中科印刷有限公司
经 销 各地新华书店
版 次 2011 年 9 月第 1 版
印 次 2011 年 9 月第 1 次印刷
开 本 787×1092 1/16
印 张 11
字 数 180 千字
定 价 58.00 元

中国环境与发展国际合作委员会

生态系统服务与管理战略课题组

中外组长

陈宜瑜	国家自然科学基金委员会主任、全国人大常委、院士
Beate Jessel	德国联邦自然保护局局长、教授

中外成员

傅伯杰	中国科学院生态环境研究中心研究员
雷光春	北京林业大学自然保护区学院院长、教授
高吉喜	环境保护部南京环境科学研究所代理所长、研究员
马超德	联合国开发计划署驻华代表处项目经理
于秀波	中国科学院地理科学与资源研究所副研究员
Leon Braat	荷兰瓦格宁根大学国际自然政策研究所高级研究员
Peter Kareiva	美国大自然保护协会首席科学家（2009 年 11 月前）
Nordin Hasan	国际科学理事会亚太区办公室主任、教授
John Soussan	斯德哥尔摩环境研究所亚洲中心教授（2010 年 4 月前）
李来来	斯德哥尔摩环境研究所副所长、教授（2010 年 4 月后）

特邀专家

赵士洞	中国科学院地理科学与资源研究所研究员
Jamie Pittock	世界自然基金会研究员、澳洲国立大学芬纳环境与社会学院

协调员

姜鲁光	中国科学院地理科学与资源研究所副研究员
王国勤	中国科学院中国生态系统研究网络秘书处

情景分析与案例研究支持专家*

王玉宽	中国科学院成都山地灾害与环境所研究员
刘文曼	斯德哥尔摩环境研究所亚洲中心研究助理
刘俊国	北京林业大学自然保护区学院教授
吕一河	中国科学院生态环境研究中心副研究员
孙晓芳	中国科学院地理科学与资源研究所博士生
何洪林	中国科学院地理科学与资源研究所副研究员
李岱青	中国环境科学研究院生态研究所副研究员
周杨明	江西省山江湖开发治理委员会办公室工程师
岳天祥	中国科学院地理科学与资源研究所研究员
范泽孟	中国科学院地理科学与资源研究所副研究员
徐　明	中国科学院地理科学与资源研究所研究员
郭延凤	安徽师范大学硕士研究生
鄢帮有	江西省山江湖开发治理委员会办公室副主任、研究员
樊江文	中国科学院地理科学与资源研究所研究员
潘明麒	中国科学院科技政策与管理科学研究所助理研究员
Eric Arets	荷兰瓦格宁根大学与研究中心 Alterra 环境研究所研究员
Eric Kemp Benedict	斯德哥尔摩环境研究所美国中心
Anantha Duraiappah	全球环境变化人文因素计划（IHDP）执行主任
Lucy Emerton	马来西亚环境管理集团首席经济学家
Christine Tam	美国自然资本项目主任（2009 年 11 月前）
Peter Verburg	荷兰阿姆斯特丹自由大学教授

* 中方专家按姓氏笔画排序，外方专家按姓氏字母排列。

内容提要

生态系统服务是人类从生态系统中获取的各种惠益。近年来，生态系统服务与管理理念发展很快，为科学决策和人与自然和谐发展提供了将社会、经济与生态效益密切结合的综合框架。中国环境与发展国际合作委员会（以下简称国合会）生态系统服务与管理战略课题组以森林、草地与湿地生态系统为重点，旨在展示生态系统管理的经济社会效益，提供国内外生态系统管理的范例，提出将生态系统服务纳入政府决策的政策建议。

中国处于经济快速增长阶段，贯彻科学发展观，致力于生态文明建设，并已取得了世界瞩目的骄人业绩。中国经济的快速增长，也伴随着淡水、食物、森林等资源的过度开发，并由此导致了生态退化。中国有限的自然资源和脆弱的生态系统能否支撑中国未来经济社会的长远发展？为了避免经济社会发展的不利影响，实现绿色经济发展的目标，中国应走生态系统可持续管理的道路，不断提升生态系统服务的能力。为此，课题组建议：

建议 1：制定新的《全国生态保护与建设规划》，统筹部署全国的自然保护与生态建设

以《全国生态环境建设规划》和《国家生态保护纲要》为基础，制定新的《全国生态保护与建设规划》，将生态保护与生态建设有机地结合起来，来指导各部门、各地区和重要流域生态保护与建设的规划与协调管理，实现生态系统管理“全国一盘棋”。该规划应以构建健康与可持续的生态系统为目标，以维持和优化多种生态系统服务为出发点，重视生态系统综合评估、优先区设定以及政策保障。该规划应在领导小组和专家组的指导下制定和实施。

建议 2：分类管理、突出重点，提高森林、草地、湿地生态系统的服务能力

应采取多种措施来提高森林、草地和湿地生态系统服务的能力，在一些关键地区尤其如此。要平衡不同生态系统服务与社会需求之间的关系，平衡供给服务与支持服务的关系，使增加近期财政收入的决策不会对生态系统健康造成长远的负面影响。森林生态系统管理应以提高生产力和多种生态系统服务能力为目标，保护天然林，改造次生林，集约经营人工林；开展退化草地恢复和草地牧业管理，遏制草地进一步退化的趋势，提高防风固沙和防治沙尘暴的能力；保护天然湿地，扩大湿地类型保护区，控制过度捕捞，维持和恢复江湖与湿地连通与环境流；尽快完成湿地与自然保护区保护的法制建设。

建议 3：加强各级政府在生态系统管理的综合协调，努力形成全社会共同参与的新局面

生态系统管理的成功取决于各级政府在生态保护与建设中的有效协调，取决于社会各界，包括企业、社区、非政府组织（NGO）等的广泛参与。在省级层面，应建立生态系统管理的协调机构或机制，促进跨部门的协调与合作；在县级层面，应促进利益相关方的广泛参与，保证生态系统管理项目顺利实施。江西省山江湖开发治理委员会和四川宝兴县生态系统管理领导小组的经验与做法值得借鉴和推广。

建议 4：推进实施生态补偿政策，增加对生态系统保护和建设的长期投入

近十多年来，中央政府的工程项目投入和财政补贴在森林、草地和湿地生态系统恢复与重建方面起到了决定性的作用。鉴于生态系统管理的长期性和艰巨性，继续执行现有的国家生态建设工程和农户补贴政策；在中西部生态脆弱区实施新的生态保护与恢复工程，将江河源头区、严重水土流失区、重要饮用水源地、自然保护区等纳入支持范围；大幅度提高公益林补偿标准；对农村实行“以奖促治”的财政激励政策，城镇居民通过市场对生态系统产品（如淡水等）付费，政府则对难以进入市场的调节服务和支持服务（如洪水调蓄）进行补偿。

建议 5：加强生态系统监测与评估，提高对生态系统管理的科技支撑能力

黄土高原等地生态建设项目说明，长期生态系统监测与研究至关重要。目前中国面临着一些新的生态风险、问题与挑战，例如，气候变化与极端气候事件、碳汇等，这些问题可能影响中国的长远发展和国家利益。因此，迫切需要进一步提升中国生态系统管理的科技支撑体系，包括生态系统长期监测、研究与评估。建议建立国家层面的生态系统观测研究网络，开展五年一次的国家生态系统状况调查与评估，推动气候变化与生态系统适应性的监测、研究与示范，开展生态系统管理的教育与培训工作。

关键词：

生态系统服务；生态系统管理；森林；草地；湿地

常用术语[①]

生态系统服务：指人类从生态系统获得的各种惠益，包括供给服务、调节服务、文化服务和支持服务。

供给服务：指人类从生态系统获得的各种产品，例如生物遗传资源、食物、纤维以及淡水等。

调节服务：指人类通过生态系统过程中的调节作用（如对气候、水源，以及一些人类疾病的调节）所获得的惠益。

文化服务：指人类通过丰富精神生活、发展认知、消遣娱乐以及美学欣赏等方式，从生态系统获得的非物质收益，包括知识体系、社会关系以及美学价值等方面。

支持服务：指生态系统为提供供给服务、调节服务和文化服务而必需的服务，如提供生物量、制造氧气、形成和保持土壤、养分循环、水循环，以及为野生动物提供栖息地等。

人类福祉：这是一个多维度的概念，包括过上良好生活所必需的最低物质标准、自由和选择、健康和身体安康、良好的社会关系、安全、心情舒畅以及精神体验等。福祉与贫困是一个相对统一体，贫困的定义便是“明显丧失了福祉的一种状况”。人们对福祉组成要素的体验以及看法根据具体情况有所不同，体现了当地的生态状况、性别和文化的差异。

生态系统管理[②]：依据特定的目标，为构建结构合理、生产力高，并能够可持续地提供生态系统服务的各种管理措施，以及与此有关的法律、规章、政策、教育和公众行为的总称。

---

① 联合国千年生态系统评估，2005（赵士洞译）. 生态系统与人类福祉，北京：中国环境科学出版社，1-102.

② 本报告中，生态系统可持续管理、生态系统综合管理或综合生态系统均与生态系统管理为同义词。

目　录

1 引言

1.1 课题组的构成和工作框架

中国环境与发展国际合作委员会（以下简称国合会）于 1992 年由国务院批准成立，是一个由中外环境与发展领域高层人士与专家组成的、非营利的国际性高级咨询机构。国合会的主要职责是：评估国际先进经验及其启示，研究中国环境与发展领域的重大问题，向中国政府提出政策建议，支持促进中国实施可持续发展战略，建设资源节约型、环境友好型社会。

2008 年，第四届（2007—2011 年）国合会批准成立“生态系统服务与管理战略”课题组（以下简称课题组），已于 2010 年 11 月向国合会提供优化中国生态系统服务的政策建议。课题组由国合会核心资金及中欧生物多样性项目共同资助。课题组中方组长由国家自然科学基金委员会主任、全国人大常委、中科院院士陈宜瑜研究员担任，外方组长由德国联邦自然保护局局长杰塞尔教授担任。课题组成员是来自国际组织大学和研究机构的资深专家。课题组还邀请了两位特邀专家及 20 多位支持专家开展相关工作。

课题组自成立以来，在课题组层面共组织了四次工作会议和三次国内外考察，结合一系列内部会议，共同推动了课题组的交流和研究。另外，曾组织多次与主要相关部委的咨询会，以期满足国家层面生态系统可持续管理的政策需求。本书由国合会生态系统服务与管理战略课题组编写。

在现状分析的基础上，本书界定了生态系统服务与管理的基本概念与内涵，评估了中国生态系统及其管理现状，系统分析了国内外案例研究的经验与未来变化情景，在此基础上，形成了主要结论，提出了推进中国生态系统管理、提高生态系统服务能力的政策建议。课题组的工作框架见图 1.1。

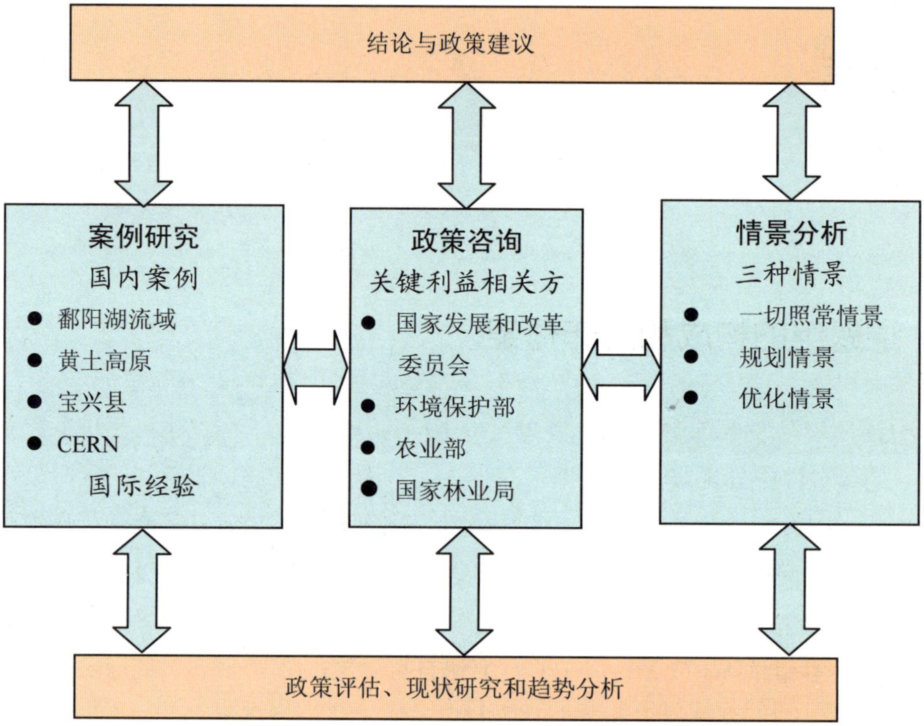

图 1.1 生态系统服务与管理战略课题组工作框架

在中外方组长的领导下，课题组成员、特邀专家和支持专家系统回顾了生态系统服务和管理的现状。课题组的成员分为两个工作组，即案例研究工作组和情景分析工作组。课题组所有成员均积极参加了主要部委生态系统管理的政策咨询。

本书评估了中国主要生态系统的现状和演变趋势、生态系统管理的立法与政策框架，以及国家层面的主要生态系统保护和恢复项目。案例研究工作组分析了鄱阳湖流域、黄土高原、宝兴县和中国生态系统研究网络的生态系统可持续管理的经验。另外案例研究组还介绍了一些国际案例，给中国生态系统管理提供了参考。情景分析组基于 2020 年、2030 年和 2050 年的国家社会和经济发展目标设计了一切照常发展、基于规划发展、生态系统优化发展三种情景来模拟土地利用和生态系统服务的潜在变化。

本书在参考一系列生态系统管理相关的主要部委（包括国家发展和改革委员会、环境保护部、农业部、国家林业局）参与的咨询意见的基础上，为生态系统管理的决策者提供了中国生态系统可持续管理的政策建议。

1.2 课题组的目标和方法

生物多样性和生态保护一直是国合会关注的重大领域，并为此设置了生物多样性工作组、西部开发中的林草问题课题组、生物安全课题组、流域综合管理课题组、保护地课题组和生态补偿课题组等相关的工作组和课题组。但是，国合会认识到仍有必要在这些工作组或课题组的工作基础上，采取综合全面的方法来应对生态系统服务和管理。目前，鉴于生态系统服务功能的完整性与自然资源的部门分割管理之间存在冲突，生态系统服务尚未被充分纳入国家政策之中。本课题组基于“千年生态系统评估”框架与方法，重点关注生态系统的供给服务、调节服务、文化服务和支持服务。

课题组的具体目标是：

- 向决策者展示基于生态系统服务的生态系统管理的效益；
- 提供改善生态系统服务与管理的潜在途径，并提供国内外的成功经验；
- 提供针对如何将生态系统服务纳入中国发展决策过程中的科学合理的建议和政策方案。

鉴于国合会设立了海洋课题组，着重关注海洋和近海生态系统，本课题组重点关注陆地和淡水生态系统。课题组应用的方法包括：评估全球生态系统服务与管理相关的综合研究案例；开发和评估中国生态系统管理的未来情景，以驱动政策决策；提炼国际和国内案例研究的经验。

利用情景分析的初步结果及相关部委的政策建议相关的启示和经验，向国务院提出最终的建议。

1.3 主要任务

课题组承担的主要任务可归纳为如下四项：

任务 1：综合研究中国生态系统服务和管理现状

通过文献研究，对中国生态系统，尤其是森林、草地和湿地生态系统的退化范围、现状和发展趋势进行概述，为进一步分析打下了基础。本项工作对一些当前项目的成功因素、存在障碍以及经验的总结评估以对未来管理计划进行分析和评估。

任务 2：基于中国发展状况的生态系统服务情景分析研究

基于遥感技术和部委咨询，开展对中国生态系统服务未来变化的情景分析。该情景分析分层次、分阶段地推动了中国对生态系统服务价值的理解，评估了生态系统服务对国家未来发展的潜在贡献，并明确了推动生态系统服务在国家、省级和地方层面可持续发展的政策和措施。

三种主要的情景均将气候变化对生态系统服务的影响作为变化的主要驱动因子。情景分析的目标是：（1）以一切照常情景来评估中国生态系统服务的当前状态和发展趋势；（2）在两种可选择情景下，评估生态系统管理的政策和措施对未来中国可持续发展的潜在贡献，尤其是森林、草地和湿地生态系统的作用。在规划情景和优化情景下探索未来的替代情景。

有规划情景和一切照常情景是通过 CLUE 模型模拟土地利用。优化情景是结合情景模拟、案例研究和利益相关方咨询基础上确定的。

任务 3：开展生态系统服务与管理的案例研究

国内案例研究涵盖不同的生态系统和生态系统服务类型。4 个案例分别是：鄱阳湖流域（省级尺度，湿地），黄土高原（区域尺度，草地），宝兴（县级尺度，森林）和中国生态系统研究网络（CERN，国家尺度）。

国际案例回顾了生态系统服务相关的权威的、全球性报告，包括千年生态系统评估、生态系统与生物多样性经济价值评估项目①、自然资本项目②等，其经验可供中国借鉴。课题组的泰国实地考察（2009 年 11 月）以及部分中方委员赴奥地利、

① B. ten Brink，A. Berghöfer et al.（2009），TEEB – The economics of ecosystems and biodiversity for national and international policy makers – summary：responding to the value of nature. UNEP，Bonn.

② http：//www.naturalcapitalproject.org/home04.html.

瑞士、德国考察（2010 年 9—10 月），以及来自西欧、澳大利亚、南非和南美安第斯山脉的四个案例研究均丰富了国际案例研究的内容。

任务 4：部门咨询与成果宣传

课题组联合了国家和省级层面的重要机构，并从中汲取他们的经验和建议。课题组咨询了与生态系统管理的相关部委（包括国家发展和改革委员会、环境保护部、农业部、国家林业局），了解国家层面有关生态系统管理的现状、问题、政策与规划。除了本书，课题组还出版了《基于观测与实验的生态系统优化管理》，组织编写了 7 期《生态系统研究与管理简报》和 1 份《中国生态系统服务与管理战略》宣传折页，进行课题组成果的宣传与推广。

通过上述四项任务，形成了本报告的结论与政策建议。

2 生态系统服务与管理的概念与内涵

2.1 生态系统服务的定义与内涵

按照“千年生态系统”评估所提供的定义，生态系统服务是指人类从生态系统获得的各种惠益，包括供给服务、调节服务、文化服务和支持服务[①]（定义见“常用术语”部分）。生物多样性是生态系统的一种结构特征，它为所有各类生态系统服务的形成提供了基础，同时也有其特定的内在价值。生物多样性、生态系统服务与人类福祉之间的关系见图 2.1。

生态系统的各种服务之间密切关联，任何一种生态系统服务的变化，必将影响到其他服务的状况（见图 2.2 和图 2.3）。应当特别注意的是，过分强调食物生产等生态系统供给服务的提高，必将导致其调节服务（如水源涵养、洪水调蓄等）降低。例如，在河漫滩开垦农田，虽然增加粮食生产，但会减少过水断面，增加洪水风险，往往得不偿失（见图 2.2，由 MU1 到 MU4）。因此，在针对单一的生态系统服务制定决策时，必须考虑到对其他相关生态系统服务的影响。

影响生态系统服务的因素很多，包括人口、经济、社会和政治、科学与技术、文化与宗教，以及物理、生物和化学等诸多方面。人类活动对生态系统服务的影响在局地尺度上最为明显，人类活动方式对生态系统提供服务的能力有非常直接的影响。

任何一种自然、半自然或人工生态系统都具有提供生态系统服务的能力，在过去漫长的历史发展过程中，它们基本可以满足社会发展的需求。但是，随着社会的不断进步，生态系统提供生态系统服务的能力与人类的需求之间出现了愈来愈大的差距。自 20 世纪中期以来，随着全球人口的迅速增长和经济社会的快速发展，使

---

① 联合国千年生态系统评估，2005（赵士洞等译）. 生态系统与人类福祉，北京：中国环境科学出版社，1-102.

得全世界60%的生态系统服务退化，但仍远远不能满足人类生活改善和社会经济发展的需求[①]。近几十年来，由于我国人口众多和经济高速发展，对生态系统服务的需求急剧增加，生态服务退化已经成为严重制约我国社会经济可持续发展的重要因素。例如，华北地区对淡水的需求量已超过补给量，已给社会经济发展带来不利影响，只有加强生态系统管理才可能提高用水效率，并改善水质、增加水量。同样，中国目前大量进口木材以满足国内对木材和木制品的需求，而加强对我国森林的管理，提高林地的木材产量，将会极大地改善这一状况。因此，通过改善生态系统管理来最大限度地增强生态系统提供服务的能力，从而保证经济社会的可持续发展，已经成为我国当前一项十分迫切的任务。

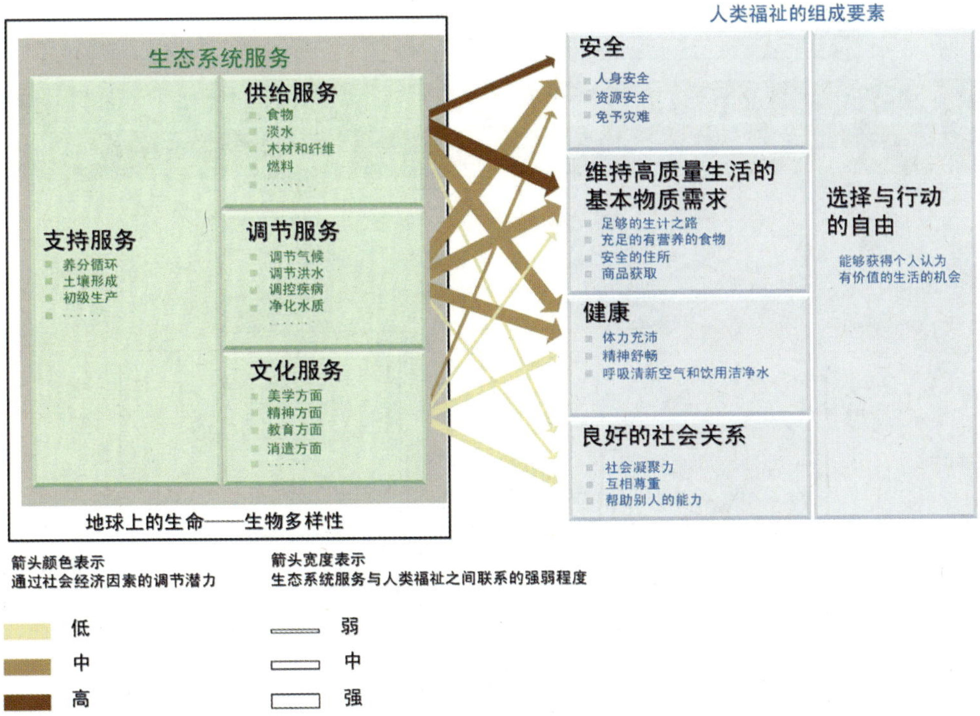

图2.1 生物多样性为所有生态系统服务的形成提供支持，同时这些生态系统服务对人类福祉具有至关重要的作用[①]

① 联合国千年生态系统评估，2005（赵士洞等译）. 生态系统与人类福祉，北京：中国环境科学出版社，1-102.

不同土地利用方式的多种生态系统服务

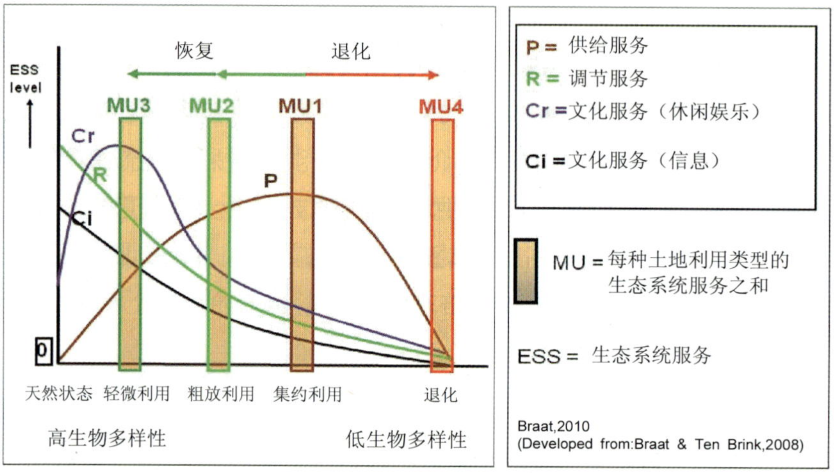

图 2.2　从土地的集约利用到生态恢复或退化会导致其他土地利用类型多种生态系统服务的水平发生变化

能源输入会增加生态系统服务

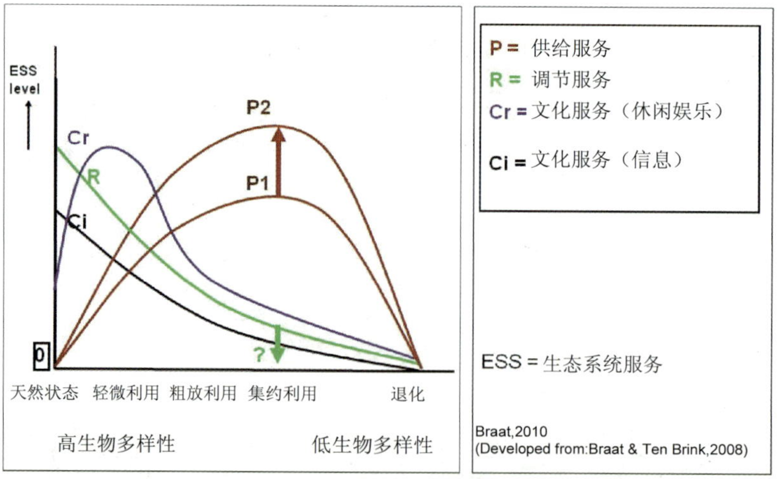

图 2.3　单位生态系统服务能力的增加需要某种外部能源的输入（从 P1 到 P2），但存在调节服务退化的风险

2.2 生态系统管理的定义与内涵

现代意义上，生态系统管理的理念，是随着北美、西欧和北欧一些国家的生态系统管理工作，在 20 世纪 80 年代进入到可持续管理这一新阶段后而出现的。生态系统管理理念、途径和方法的出现及其在实践中的广泛应用，对于上述国家改善生态系统的管理状况、提高生态系统提供各种服务的能力、改善人类生存环境发挥了重要作用。

关于生态系统管理已有很多个定义，但由于各个组织和学者的背景、研究对象和经营目标不一致，这些定义也有所不同，目前尚没有一个被大家一致认同的定义。根据生态系统管理的基本理念，针对中国生态系统管理现状和面临的挑战，本课题组将生态系统管理（ecosystem management）定义为：依据特定的目标，为构建结构合理、生产力高，并能够可持续地提供生态系统服务的各种管理措施，以及与此有关的法律、规章、政策、教育和公众行为的总称。

生态系统管理的内涵如下：

（1）具有明确的管理目标。明确的管理目标是开展生态系统管理的基础，总体上应以提高生态系统的服务能力为目标。为了使该目标具有充分的科学依据，必须深入了解该类生态系统的结构、功能和动态特征；了解当地的立地条件，以及决策者和民众在生态、社会、经济方面的未来需求。

（2）与时空尺度密切相关。生态系统管理是在特定的时间和空间尺度下进行的，时空尺度的变化会使管理措施以及人力和经费资源投入发生变化。生态系统管理的目标是选取适宜的时空尺度的重要依据。

（3）适宜的生态系统结构。生态系统结构包括水平结构和垂直结构等，具体体现在所选择的物种和物种之间的空间配置，它是决定生态系统未来功能和服务特征的关键因素。同时，生态系统结构也是人类调控生态系统的切入点。因此，在决定生态系统结构时，应充分了解所选定物种的生物学和生态学特征、物种之间的相互关系以及如何通过经营措施来调整这些关系。

（4）综合协调多种生态系统服务。人们在从生态系统获取某一类生态系统服务的同时，必将影响生态系统提供其他服务的能力。通常，生态系统管理是以提高某种生态系统服务为主要目标的。比如，公益林的管理是以提高其调节和文化服务为主要目标，短轮伐期人工速生丰产林的经营则是以增强其提供木材能力为主的供给服务为主要目标。近年来，生态系统管理重视强调多目标管理，也就是，通过可持续的管理活动，在重点提高某一类生态系统服务的同时，兼顾其他生态系统服务，使总的生态系统服务最大化。

（5）监测和评估管理效果。生态系统管理是一个长期的动态过程，在这一过程中，生态系统会对各种管理措施不断表现出正向或负向的响应。因此，应当连续监测评估各种管理措施的效果，并将评估结果及时传递给决策者。在此基础上，负责生态系统管理的决策人按照评估意见及时对管理措施做出适当调整，才能保证实现预期的管理目标。

（6）利益相关方广泛参与。现代生态系统管理理念的一个巨大进步，就在于认识到社会各阶层、各部门都与生态系统管理密切相关，各自负有不同的责任，因此只有全社会参与才能做好生态系统管理工作。基于这一认识，在政府主管部门发挥主导作用的同时，还必须通过法律、法规、教育和宣传来充分发挥相关组织、团体、企业和公众在生态系统管理中的作用。

3 主要生态系统及其管理现状与趋势

3.1 中国主要生态系统及其变化

中国森林、湿地、草地生态系统约占国土面积的63.8%，其生态系统服务总价值量占到了中国陆地生态系统服务价值总量的74.4%～81.5%[①,②]，在保障国家生态安全和社会经济可持续发展中起着关键的作用。但由于长期的开发和不合理利用，生态系统结构、功能和服务的退化加剧，“生态系统呈现出由结构性破坏向功能性紊乱演变的发展态势”[③]。

3.1.1 森林生态系统

近300年来，中国的森林资源大致以1960年为界，呈现先减少后增加的趋势（图3.1）。特别是1980年以来，中国森林面积持续增加，但这种增加主要表现为疏林、灌木林和人工林的增加，人工林对森林覆被率增加的贡献率为90%左右；而天然林则呈逐年下降的趋势，其中的成熟林平均每年减少61万hm^2。从新中国成立以来两个时期（1950—1962年，1999—2003年）的森林资源状况来看，人工林所占的面积和蓄积由新中国成立初的4.49%、1.9%迅速增长到最近的33.77%、10.35%，而天然林则由最初的95.51%、98.1%降至最近的66.23%、89.65%[④]。

---

① 何浩，潘耀忠，朱文泉，刘旭拢，张晴，朱秀芳. 中国陆地生态系统服务价值测量. 应用生态学报，2005，16（6）：1122-1127.

② 朱文泉，张锦水，潘耀忠，阳小琼，贾斌. 中国陆地生态系统生态资产测量及其动态变化分析. 应用生态学报，2007，18（3）：586-594.

③ 国家环境保护总局. 全国生态现状调查与评估. 北京：中国环境科学出版社，2005.

④ 高均凯. 中国森林健康的主要干扰研究. 林业调查规划，2008，33（6）：34-38.

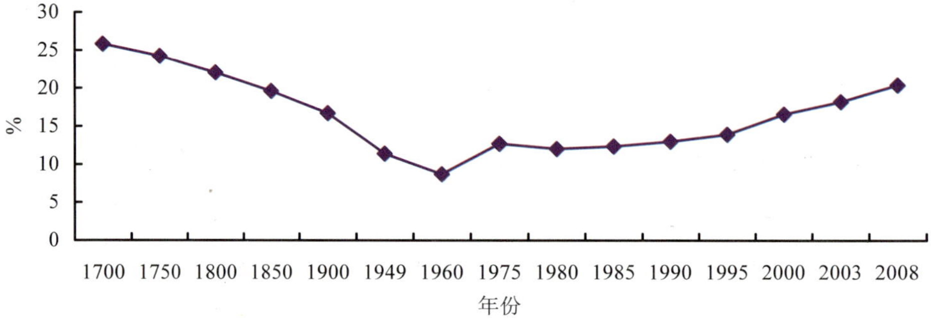

图 3.1 全国森林覆盖率的历史变化①②③

根据第七次全国森林资源清查（2004—2008 年）结果，中国现有森林面积 19 545.22 万 hm^2，森林覆盖率达到 20.36%，其中，天然林面积 11 969.25 万 hm^2，天然林蓄积 114.02 亿 m^3 ④。尽管如此，中国森林资源总量不足，人均占有量少，分布不均，服务功能差的态势非常明显，如全国林分平均每公顷蓄积量只有 84.73 m^3，相当于世界平均水平的 84.86%，居世界第 84 位；林地使用率只有 50.1%，而林业发达国家林地使用率在 90%以上；林分平均胸径只有 13.8 cm，林木龄组结构也不尽合理⑤。

森林生态系统的数量和结构的变化使其生态系统服务价值总体上得到了改善。在时间上，以 1993 年为基准，1998 年和 2003 年的单位面积森林生态系统服务价值分别提高了 32.68%和 34.95%⑥。中国林业科学院依据第七次森林资源清查和森林生态定位监测结果对几项重要森林生态系统服务的评估表明，目前中国森林植被总碳储量高达 78.11 亿 t，森林生态系统年涵养水源量 4 947.66 亿 m^3，年固土量 70.35 亿 t，年保肥量 3.64 亿 t，年吸收大气污染物量 0.32 亿 t，年滞尘量 50.01 亿 t；仅

①史培军，王静爱，冯文利，叶涛，葛怡，陈婧，刘婧. 中国土地利用/覆盖变化的生态环境安全响应与调控. 地球科学进展，2005，21（2）：1-9.

②何凡能，葛全胜，戴君虎，林珊珊. 近 300 年来中国森林的变迁. 地理学报，2007，62（1）：30-40.

③第七次全国森林资源清查结果（http：//www.forestry.gov.cn/portal/main/s/65/content-326341.html）。

④http：//www.forestry.gov.cn/portal/main/s/65/content-326341.html.

⑤邓红兵，王欢，董仁才，王延春. 我国未来森林资源需求特点与林业发展对策分析. 经济问题探索，2006（4）：13-16.

⑥靳芳，余新晓，鲁绍伟. 中国森林生态服务功能及价值. 中国林业，2007（4A）：40-41.

固碳释氧、涵养水源、保育土壤、净化大气环境、积累营养物质及生物多样性保护6项生态服务功能年价值达10.01万亿元人民币[①]。随着退耕还林和天然林保护等政策措施的实施，全国木材生产也经历了从降低到回升的过程，2002年成为由降转升的拐点，而林业总产值呈持续增长态势（图3.2），一定程度上也说明了通过休养生息，森林生态系统的供给功能有所增强。

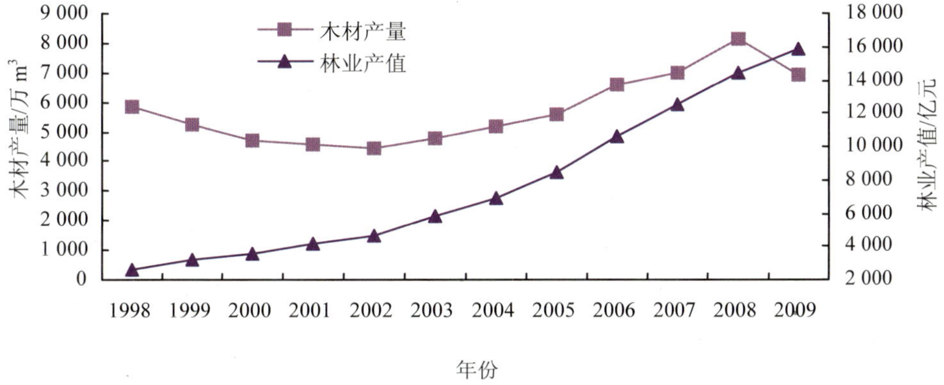

图3.2　1998年以来全国木材产量及林业总产值变化[②]

从空间上，森林生态系统服务也存在着显著的地域性特征，例如，我国森林植被碳储量和碳密度空间差异显著，森林植被碳库主要集中于东北和西南地区，平均碳密度以西南、东北以及西北地区为大[③]。有研究表明，中国东北地区森林碳库在全国森林碳库中占有重要位置，研究区有林地面积占全国森林的31.4%，其植被、土壤碳储量分别为全国森林的74.28%、63.88%，植被、土壤碳密度分别为全国森林的2.70倍和1.22倍[④]。从森林生态系统服务类型角度，赵同谦等[⑤]根据2000年的全国林业统计指标对10类森林生态系统服务的评价结果表明，森林生态系统的产

① 田新程. 森林碳汇：中国的努力. 中国林业，2010，1A：9-10.

② 数据来源：国家林业局网站林业概况和信息发布两个板块 http：//www.forestry.gov.cn/，具体包括中国林业发展报告2000—2005年、全国林业统计年报分析2006—2008年、2009年全国林业经济运行状况报告。

③ 徐新良，曹明奎，李克让. 中国森林生态系统植被碳储量时空动态变化研究. 地理科学进展，2007，26（6）：1-10.

④ 赵俊芳，延晓冬，贾根锁. 1981—2002年中国东北地区森林生态系统碳储量的模拟. 应用生态学报，2009，20（2）：241-249.

⑤ 赵同谦，欧阳志云，郑华，王效科，苗鸿. 中国森林生态系统服务功能及其价值评价. 自然资源学报，2004，19（4）：480-491.

品提供、调节、文化和支持服务分别占到评估总价值的 16.5%、30.7%、1.38%和 51.4%。而靳芳等①对中国森林生态系统 8 项服务价值评估的结果表明，森林的产品提供服务价值只占评估总价值的 5.8%。

然而，天然林的减少和人工林的增加，使得森林生态系统功能的形势并不乐观。全部森林资源中人工林面积占 30.45%，且幼、中龄林居多，树种单一，林下植被稀疏，生物多样性水平较低，林分质量差，森林生态系统的水土保持、涵养水源等生态服务功能降低，抗干扰、抗病虫害能力差、地力衰退严重。而且，人工林经营水平普遍不高，发展后劲不足②。因此，单纯追求造林与保护的面积，盲目扩大森林覆盖率，显然不能全面提高森林资源的服务功能。解决问题的办法应该是积极谋求森林经营管理模式的创新，跨越式提高森林资源的服务能力。

随着林业生态工程的推进和管理水平的提高，按照有关规划目标，预计到 2020 年和 2050 年森林覆盖率会分别提高到 23.5%和 28%。同时，预测表明，在人口及经济社会发展需求不断增长的形势下，中国未来森林资源的供需状况不容乐观（表 3.1）。进一步分析需求压力的来源发现，2020 年和 2050 年商品林分别约占总林地需求的 3.0%和 2.0%③。可见，随着时间的推移、人口和社会经济条件的变化，在调节、支持、文化服务方面发挥关键作用的生态公益林的不足将会成为未来中国林业发展面临的一个严峻挑战。因此，要尊重森林生态系统结构与过程的多样性、复杂性，以森林生态系统服务理念为基础，加强森林生态系统的可持续管理是应对挑战的必由之路。

表 3.1　不同时期中国林业发展供需态势分析③

年份	森林发展目标		森林需求预测		需求缺口
	覆盖率/%	面积/10^6hm^2	覆盖率/%	面积/10^6hm^2	面积/10^6hm^2
2020	23.5	220.04	27.88	251.43	31.39
2050	28	249.67	38.4	367.38	117.71

①靳芳，鲁绍伟，余新晓，饶良懿，牛建植，谢媛媛，张振明. 应用生态学报，2005，16（8）：1531-1536.
②邓红兵，王欢，董仁才，王延春. 我国未来森林资源需求特点与林业发展对策分析. 经济问题探索，2006（4）：13-16.
③Dong，R.C.，Chen，C.D.，Deng，H.B.，Zhao，J.Z. Forestland prediction of China based on forest ecosystem services for the first half of 21st century. Journal of Forestry Research，2008，19（3）：181-186.

3.1.2 草地生态系统

中国草地面积约 4 亿 hm^2[①]，约占世界草地面积的 13%，占全国国土面积的 41.7%。其中 84.4%的草地分布在西部。草原是重要的动植物基因库，中国草原已知有饲用植物 6700 多种，其中中国特有 320 种；野生动物 2000 多种，其中国家一级保护动物 40 多种。90%的草地存在不同程度的退化和沙化，主要分布在北方干旱半干旱草原区和青藏高原草原区[②]，严重退化、沙化和盐渍化的草地面积占草地总面积的 1/3 以上，并且每年还在以 200 万 hm^2 的速度增加[③]。自 20 世纪 50 年代以来，中国草原共有近 0.2 亿 hm^2 的优质草原被开垦，全国现有耕地的 18.2%源于草原，目前全国 25 hm^2 以上的成片草地仅剩 3.3 亿 hm^2。同时，由于草原生态的恶化导致生产力降低，与 20 世纪 50 年代相比，产草量下降 30%～50%[④]。

草原的生态系统服务价值约占到陆地生态系统服务总价值的 17.9%[⑤]，单位面积生态系统服务价值存在明显的地域分异，高值区主要分布在内蒙古东部和东北部、青海、西藏以及新疆北部地区[⑥]，而草原的产品提供服务价值约占其总服务价值的 22.3%[⑦]。从草原的生产功能看，草食性畜肉产量由 1983 年的 86 万 t 增加到 2006 年的 1147 万 t，增长了 13 倍。但是，牛、羊肉和牛奶产量中纯粹来自草原放牧系统的比例分别占 14%、33%和 10%，草原的供给功能有限[⑧]。草原退化带来了巨大的生态系统服务损失，一项基于 MODIS 遥感数据的研究表明，2003—2005 年，全国草地生态退化的潜在经济损失达 66.6 亿美元，其中内蒙古、新疆、西藏、青海、甘肃、云南和四川西部 7 省区的价值损失占总价值损失量的 78.41%，而内蒙

---

① 国家统计局. 2008 中国统计摘要. 北京：中国统计出版社，2008.

② 中华人民共和国农业部.2007 年全国草原监测报告.2008（http：//www.grassland.gov.cn/GrasslandWeb/cyjc/ShowArticle.asp?ArticleID=653）.

③ 国家环境保护总局. 全国生态现状调查与评估. 北京：中国环境科学出版社，2005.

④ 王宗礼. 中国草原生态保护战略思考. 中国草地，2005，27（4）：1-9.

⑤ 何浩，潘耀忠，朱文泉，刘旭拢，张晴，朱秀芳. 中国陆地生态系统服务价值测量. 应用生态学报，2005，16（6）：1122-1127.

⑥ 姜立鹏，覃志豪，谢雯，王瑞杰，徐斌，卢琦. 中国草地生态系统服务功能价值遥感估算研究. 自然资源学报，2007，22（2）：161-170.

⑦ 谢高地，张钇锂，鲁春霞，郑度，成升魁. 中国自然草地生态系统服务价值. 自然资源学报，2001，16（1）：47-53.

⑧ 鲁春霞，谢高地，成升魁，马蓓蓓，冯跃. 中国草地资源利用：生产功能与生态功能的冲突与协调. 自然资源学报，2009，24（10）：1685-1696.

古的价值损失量最大，占总价值损失量的25.89%[①]。通过加强草原保护工程建设以及牧业管理，部分地区草原生态状况有所改善。但是，在地方生计需求和经济利益的驱动下，草原超载过牧情况依然严峻（30%以上），开垦、乱征滥占、乱采滥挖等破坏草原生态的情况时有发生，全国草原生态“局部改善、总体恶化”的态势没有得到根本改变[②]。尽管如此，全国尺度的草地生态系统状况掌握得还不甚确切，实有面积、草原动植物资源、草原退化及变化、草原主要生态系统服务及其价值等问题都亟待广泛深入的调查和研究[③]。

3.1.3 湿地生态系统

中国有大于1 km^{2}的天然湖泊2 700多个，湿地面积3 848万hm^2（未包括水稻田），居世界第四位。在湿地总面积中，自然湿地占到总面积的94.07%。自然湿地中沼泽湿地面积最大，沼泽、湖泊、河流湿地约占自然湿地总面积的84%。而基于1999—2002年Landsat ETM+遥感影像为数据源，以9 hm^{2}为最小统计面积，进行全国湿地制图，得到湿地总面积为3 595万hm^2[④]。

近年来，湿地的变化在规模上表现为总体减少、局部拓展，湿地面积减少的趋势在短期内难以改变。例如，东北地区沼泽湿地面积1986—2000年的15年间约减少了10%[⑤]；1969—2004年，青藏高原典型高寒湿地退化具有普遍性，湿地面积萎缩在10%以上，其中以长江源区的沼泽湿地退化最为严重，面积减少幅度达到29%，同时大约有17.5%的长江源区内流小湖泊干涸消失，黄河源区和若尔盖地区湿地系统空间分布格局的破碎化和岛屿化程度显著加剧[⑥]；西北地区的湖泊湿地 1980—

① 王瑞杰，覃志豪，姜立鹏，叶柯. 中国草原生态系统退化的价值损失量遥感估算. 生态学，2007，26（5）：657-661.

② 中华人民共和国农业部.2007年全国草原监测报告.2008（http：//www.grassland.gov.cn/GrasslandWeb/cyjc/ShowArticle.asp?ArticleID=653）。

③ 刘加文. 中国草原底数亟待搞清. 草地学报，2009，17（5）：543-546.

④ 牛振国，宫鹏，程晓，虢建宏，王琳，黄华兵，沈少青，吴昀昭，王晓风，王显威，应清，梁璐，张丽娜，王雷，姚谦，杨镇钟，郭子祺，戴永久. 中国湿地初步遥感制图及相关地理特征分析. 中国科学D辑：地球科学，2009，39（2）：188-203.

⑤ 严登华，王浩，何岩，张学霞，鲁帆. 中国东北区沼泽湿地景观的动态变化. 生态学，2006，25（3）：249-254.

⑥ 王根绪，李元寿，王一博，陈玲. 近40年来青藏高原典型高寒湿地系统的动态变化. 地理学报，2007，62（5）：481-491.

2000 年面积缩小了 14.8%[①]；1986—2002 年，扎龙湿地面积严重萎缩，其中，湖泊湿地面积减少了 15.17%，湿地水面面积下降了 49.36%，芦苇、鱼类产量以及湿地鸟类的种类和数量都在严重下降[②]；而黄河三角洲湿地面积 1996—2004 年期间增长约 8%，其中天然湿地增长 6.67%，人工湿地增长达 10.59%[③]。

威胁湿地生态系统健康的另外一个重要问题是水体污染[④]。2009 年长江、黄河、珠江、松花江、淮河、海河和辽河等七大水系 203 条河流 408 个断面中，Ⅰ～Ⅲ类、Ⅳ～Ⅴ类和劣Ⅴ类水质的断面比例分别为 57.3%、24.3%和 18.4%；主要污染指标为高锰酸盐指数、五日生化需氧量和氨氮；珠江、长江水质良好，松花江、淮河为轻度污染，黄河、辽河为中度污染，海河为重度污染。27 个国控重点湖（库）中，满足Ⅱ类水质的 1 个，占 3.9%；Ⅲ类的 5 个，占 19.2%；Ⅳ类的 6 个，占 23.1%；Ⅴ类的 6 个，占 19.2%；劣Ⅴ类的 9 个，占 34.6%。主要污染指标为总氮和总磷。四大海区近岸海域中，黄海和南海近岸海域水质良，渤海近岸海域水质一般，东海近岸海域水质差。水污染虽然不会导致湿地资源数量的减少，但可以大大降低湿地的生态系统服务功能，对渔业生产、水源供应以及生物多样性资源构成严重影响。作为湿地供给功能的一个重要指标，水产品产量变化近 20 年来表现出不断增长的态势，2006 年以后有一定衰退（图 3.3）。

据测算，湿地生态系统服务价值约占陆地生态系统服务总价值的 1.6%[①]。湿地生态系统的产品提供服务价值在总价值构成中也居于次要地位，例如辽宁省湿地生态系统的产品提供服务价值占评估总价值的 24.9%[⑤]，而若尔盖高原和黄河三角洲滨海湿地该比例仅分别为 3.6%[⑥]和 15.8%[⑦]。由于长期的开发，我国天然湿地大面积萎缩、消亡，湖泊洪水调蓄能力下降，水污染加剧，富营养化严重，生物多样性

① 郭攀，邱云峰. 利用卫星遥感技术开展中国西北地区湖泊湿地变化研究. 科技信息（学术研究），2008（29）：637-638.

② 佟守正，吕宪国，苏立英，姜明，姚允龙. 扎龙湿地生态系统变化过程及影响因子分析. 湿地科学，2008，6（2）：179-184.

③ 李小涛，黄诗峰，杨海波，徐美. 新水沙环境下的黄河三角洲湿地资源动态变化研究. 水利水电技术，2007，38（11）：18-21.

④ 2009 年中国环境状况公报（http：//jcs.mep.gov.cn/hjzl/zkgb/2009hjzkgb/）。

⑤ 张华，武晶，孙才志，韩增林. 辽宁省湿地生态系统服务功能价值测评. 资源科学，2008，30（2）：267-273.

⑥ 张晓云，吕宪国，沈松平，顾海军. 若尔盖高原湿地区主要生态系统服务价值评价. 湿地科学，2008，6（4）：466-472.

⑦ 张绪良，陈东景，徐宗军，张朝晖，叶思源. 黄河三角洲滨海湿地的生态系统服务价值. 科技导报，2009，27（10）：37-42.

降低，生态服务功能不断下降。例如，若尔盖高原地区的湿地生态系统服务价值1975—2006年约减少了37%，产品提供价值的小幅增加（约3亿元）以24倍的调节（气体调节和水源涵养）服务价值损失（约72亿元）为代价①。在过去的50年间，仅因围垦、过牧等原因导致中国湿地表土有机碳损失1.5Pg，相当于现有湿地总碳库的1/7～1/6②。

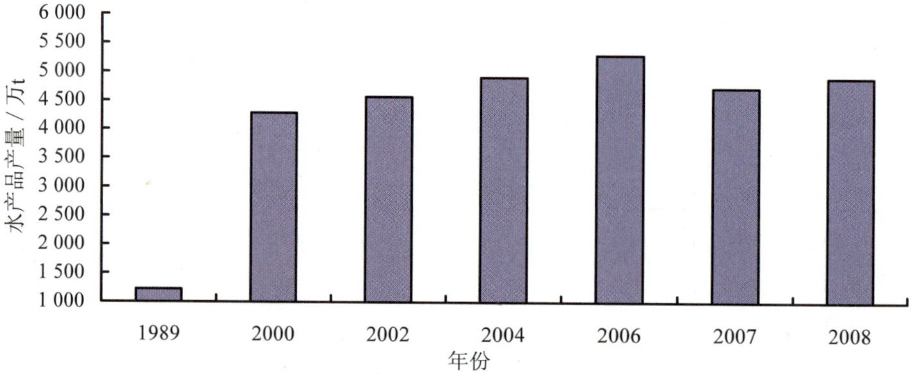

图 3.3　全国水产品产量

3.1.4 生态系统变化的驱动机制

中国的森林资源大部分在山区，广大山区经济发展滞后，居民对森林资源的直接和间接生计需求压力较大。人类活动的影响和人口对木材和薪柴资源的需求压力，使得森林资源不断被砍伐，从而出现森林-疏林-荒草地-耕地和灌木林地-荒草地-耕地的退化序列③。除人类因素以外，自然因素，如地貌、气候、水文等也对森林生态系统的变化发生影响，其中海拔高度影响最为显著④。随着海拔的升高，各

① 张晓云，吕宪国，沈松平. 若尔盖高原湿地区主要生态系统服务价值动态.应用生态学报，2009，20（5）：1147-1152.

② 张旭辉，李典友，潘根兴，李恋卿，林凡，许信旺. 中国湿地土壤碳库保护与气候变化问题. 气候变化研究进展，2008，4（4）：202-208.

③ 邹秀萍，齐清文，姜莉莉，李晋. 怒江流域林地景观演变过程及其驱动力研究. 地理科学进展，2006，25（5）：41-46.

④ 胥彦玲，刘康，秦耀民，李怀恩，姜凌. 秦岭地区近20年来土地利用/土地覆盖变化及分析. 水土保持学报，2006，20（2）：144-148.

因子综合作用对森林的干扰和压力减小，森林生态系统趋于稳定。在西北地区，22 年的资料分析表明，降水减少和气温升高使森林植被的覆盖度有所下降[①]。国家的宏观社会经济环境和林业产业政策对森林资源的消长具有深刻的影响。如 1958—1962 年受“大跃进”和“人民公社”等政策影响，怒江流域森林资源损失严重，其中“大炼钢铁”和“大办食堂”破坏的森林占总的森林砍伐的 70%以上，成为森林资源锐减的主驱动力，而且政策对森林生态系统的影响还有滞后效应[②]。2000 年以来，中国森林覆盖率有了明显增加，应该是国家退耕还林、天然林保护等重大生态建设工程实施的生态效益开始显现所致。

人类活动和气候变化是导致草地生态系统退化的主要驱动力。对呼伦贝尔草原近 50 年来（1953—2004 年）的沙质荒漠化影响因素的分析表明，人类活动强度（人口密度、耕地开垦、放牧强度和牲畜结构）对草原生态退化的解释率约 89%，而自然和人类影响因素综合作用的解释率在 60%[③]。对于黄河源区高寒草原沙化的影响因素驱动，人为驱动因子和自然驱动因子的贡献率分别为 61.6%和 38.4%[④]。长江源区高寒草甸退化的主要诱因是人口增长和过牧[⑤]。在西部林区，森林砍伐或耕地撂荒是草地面积增长的主要驱动力[⑥,⑦,⑧]，这种草地是演替的一个阶段，在没有破坏的情况下，有向灌丛和森林生态系统演替的趋势。

湿地生态系统变化的驱动机制因其类型不同而有所差异。河流、湖泊等陆地水体湿地受降水和水文状况的影响较大，水量的多少会直接影响湿地面积的大小[⑨]。

---

① 郭铌，朱燕君，王介民，邓朝平. 近 22 年来西北不同类型植被 NDVI 变化与气候因子的关系. 植物生态学报，2008，32（2）：319-327.

② 冯彦，何大明，甘淑. 纵向岭谷区怒江流域生态变化之驱动力分析. 山地学报，2008，26（5）：538-545.

③ 陈秋红，周尧治，辛晓平. 近 50 年来呼伦贝尔草原沙漠化主要影响因素的定量分析. 中国人口·资源与环境，2008，18（5）：200-204.

④ 王辉，任继周，袁宏波. 黄河源区天然草地沙化机理分析研究. 草业学报，2006，15（6）：19-25.

⑤ 黄麟，刘纪远，邵全琴. 近 30 年来长江源头高寒草地生态系统退化的遥感分析——以青海省治多县为例. 资源科学，2009，31（5）：884-895.

⑥ 张晓云，吕宪国，沈松平. 若尔盖高原湿地区主要生态系统服务价值动态.应用生态学报，2009，20（5）：1147-1152.

⑦ 张旭辉，李典友，潘根兴，李恋卿，林凡，许信旺. 中国湿地土壤碳库保护与气候变化问题. 气候变化研究进展，2008，4（4）：202-208.

⑧ 阎建忠，张镱锂，摆万奇，刘燕华，包维楷，刘林山，郑度. 基于植被演替的土地覆被变化研究——大渡河上游的森林采伐、更新和退化. 中国科学 D 辑：地球科学，2005，35（11）：1060-1073.

⑨ 李玲玲，宫辉力，赵文吉. 1996—2006 年北京湿地面积变化信息提取与驱动因子分析. 首都师范大学学报（自然科学版），2008，29（3）：95-101.

河口三角洲湿地（如黄河三角洲）的淤进和蚀退与河流携带的沉积物量和上游来水量关系密切[①]。人为的开发利用活动对滨海湿地和沼泽湿地影响显著，例如东北三江平原的沼泽湿地 1954—2005 年期间，平均每年减少 5 万多 hm^2，减少的湿地绝大部分被开垦为农田[②]；大连市滨海湿地 2000—2006 年减少了近 100 km^2，移山填海工业园区的扩大及养殖业的大力发展等人为活动成为湿地景观格局变化的主要驱动因子[③]。总之，导致湿地生态系统退化的人为因素主要包括盲目开垦和改造，污染、生物资源过度利用、水土流失和泥沙淤积、水资源不合理利用，遭到和面临上述因素威胁的重点湿地分别占到全国湿地资源调查中所有被调查湿地的 30.3%、26.1%、24.2%、8%和 6.6%，而各种类型湿地相比较，湖泊湿地是各种因素综合影响的重灾区[④]。

可见，森林、草地和湿地生态系统变化的驱动机制都具有复杂性和综合性。自然因素和社会经济因素共同发挥作用，只不过在不同地域、不同生态系统类型，各驱动因子的重要程度和因子之间的组合关系不同。自然因子（例如气候）构成了生态系统变化的宏观控制因子，变化的强度一般不高，因此，通常在长期的时间尺度上才能表现出显著的作用效果。相对而言，人为因素的驱动作用更为突出。人口规模、生计和社会经济发展需求是生态系统变化最为直接的驱动力。国家和地方经济社会发展的政策，通过强化和削弱人类对于生态系统的开发利用强度而影响生态系统变化的方向和速度。从对生态系统服务的价值判断来考察，通常提供服务产品是因为与人类的生产生活和经济收益休戚相关，而受到直接关注和重视，在实践中导致的直接后果是对生态系统所能提供的物质产品过度开发，而生态系统的支持服务和其他服务经常表现为共轭关系，例如让森林生态系统提供木材（砍伐），它就同时失去了提供调节和支持服务的能力，对生态系统供给服务的过度索取必然导致生态系统结构、功能退化甚至区域环境恶化。人类目前还不具备在较大时空尺度上调控自然驱动因子的能力，实现生态系统可持续管理的主要途径是通过法律、行政、制度和政策等综合措施来有效权衡生态系统的供给、调节、支持和文化服务，实现

① 田贵全. 山东省湿地资源动态变化及其驱动力分析. 环境与可持续发展，2008（2）：4-7.

② 宋开山，刘殿伟，王宗明，张柏，金翠，李方，刘焕军. 1954 年以来三江平原土地利用变化及驱动力. 地理学报，2008，63（1）：93-104.

③ 姜玲玲，熊德琪，张新宇，张弘. 大连滨海湿地景观格局变化及其驱动机制. 吉林大学学报（地球科学版），2008，38（4）：670-675.

④ 雷昆，张明祥. 中国的湿地资源及其保护建议. 湿地科学，2005，3（2）：81-86.

对人类自然资源利用行为的科学调节和生态系统及其服务的可持续管理。

3.2 国家生态系统管理的体制与机制

3.2.1 生态系统管理相关的行政架构及主要问题

国家层面与生态系统管理关系较为密切的部门可以概括为两大类型，即立法监督机关和行政管理机关，而行政管理机关又可进一步分为行业管理部门、统一监管部门和综合管理部门（图 3.4）。

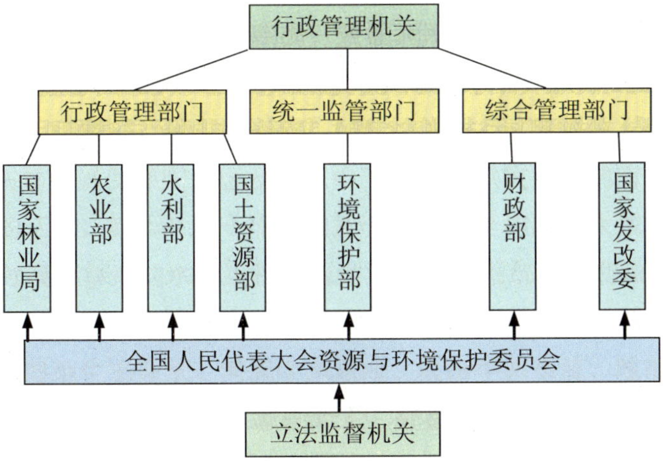

图 3.4 国家层面涉及生态系统管理的主要部门与机构

在生态系统管理及生态保护和建设方面，各个部门都有所侧重，但是由于生态系统、生态建设与保护的复杂性，在一些具体职能上，有些部门之间也存在相互衔接和协调问题。例如：

森林、湿地、草地生态系统的开发利用或恢复通常由相应的行政主管部门来负责，涉及土地利用方式的变更，又不可避免地与国土部门的职能发生联系。

湿地生态系统由林业部门主管，而水资源是湿地生态系统的命脉，水资源的管理职能在水利部门，水环境的管理职能又在环境保护部门。

生态系统的复杂性和完整性客观上需要管理的综合性和协调性。各部门有关职能的交叉重叠，在实践中易于导致有利的方面多个部门为实现各自利益争着要管，形成“越位”现象，而有害（或者发生成本）的方面部门之间互相推诿，都不想管，发生“缺位”现象，影响生态系统管理效能。

3.2.2 部门职能之间的衔接与协调

（1）充分发挥综合部门作用，推进部门协作

国家发展和改革委员会属于国务院的综合职能部门，在协调国民经济和社会发展与环境保护方面应该发挥强有力的宏观调控作用。但是，在目前的职能设计上，该部门侧重于国民经济与社会发展、重大建设项目的审核、审批等，而关于资源、环境保护及其与国民经济和社会发展相协调方面的职能配置还比较弱。因此，在未来政府机构改革中，需要强化国家发展和改革委员会的宏观调控和综合协调职能，把国家的资源节约与环境保护战略、可持续发展战略落实到部门的行政职能上，落实到与其他部门的职能协调与有效沟通上。

全国人民代表大会资源与环境保护委员会在职能描述上不是很清晰，但是其职能设计基本上是对全国人民代表大会及其常务委员会负责，审查资源环境领域相关的各种法律、法规、政策及其执行情况，并提供审查报告。因此，该部门对于健全国家资源环境领域的法律法规体系，强化执法监督等方面负有重要职责，从法治的角度促进各部门之间的在资源环境领域的公务合作和依法行政。

（2）国家生态保护领域机构改革的趋势

2008 年 3 月 15 日第十一届全国人民代表大会第一次会议通过了《国务院机构改革方案》。这次国务院机构改革的主要任务是，围绕转变政府职能和理顺部门职责关系，探索实行职能有机统一的大部门体制，合理配置宏观调控部门职能，加强能源环境管理机构，整合完善工业和信息化、交通运输行业管理体制，以改善民生为重点加强与整合社会管理和公共服务部门。

国务院机构改革的外在表现是大部门体制，但实质还在于“转变职能、理顺关系、优化结构、提高效能”，政府职能转变仍然是第一要务。按照科学发展观的要求，加大环境治理和生态保护的力度，加快建设资源节约型、环境友好型社会是中国未来生态安全和环境保护领域的基本政策导向。为加大环境政策、规划和重大问

题的统筹协调力度，在原国家环境保护总局的基础上组建了环境保护部。

那么，国家生态环境保护领域机构改革的基本趋势应该是大部制与部门间协调配合机制相结合，二者同等重要，不可偏废。应该在大部门体制的构架下，将跨部门合作机制制度化、法律化。跨部门协作机制至少包括四要素：跨部门关系的确认、跨部门合作的领导协调机制、跨部门信息共享机制、跨部门合作的激励机制①。因此，国务院机构改革，在成立新的环境保护部的形势下，逐步推进环境保护部与国家林业局、农业部、水利部等部门的跨部门公务协作机制的制度化、法制化和规范化建设，应该是国家未来生态安全和环境保护领域机构改革的基本取向。

3.2.3 生态系统管理相关的法律制度与政策分析

国务院新闻办公室 2008 年 2 月 28 日发表的《中国的法治建设》白皮书指出，中国将资源节约和环境保护确立为基本国策，不断加强环境与资源保护法制建设。在国家根本大法《宪法》的统领下，中国制定了《环境保护法》、《环境影响评价法》、《水污染防治法》等 9 部环境保护方面的法律，以及《森林法》、《草原法》、《水法》、《渔业法》、《土地管理法》等 17 部资源保护和节约方面的法律。出台了与环境和资源保护相关的行政法规 50 余件。建立健全了自然资源的规划、权属、许可、有偿使用等方面的法律制度。

法治建设的发展形成的基本法律体系使森林、草地、湿地生态系统的利用、保护和管理做到了有法可依。然而，从作为资源环境法律体系中基本法的《环境保护法》，到各专门法或法规，条文规定还比较粗放，原则性的规定较多、具体可操作性的规定不足，缺乏生态系统保护方面公众参与机制的保障和政府责任约束。由于法律本身的疏漏以及复杂的社会经济环境的制约，在资源、环境立法、执法方面还存在很多需要改进和完善的地方，以更好地服务于生态系统可持续管理和生态安全的维护。

3.2.3.1 现行资源环境法律的主要问题

制度性因素和具体性因素共同影响着环境资源法律实施②。一方面，环境资源

① 周志忍. “大部制”：难以承受之重. 中国报道，2008（3）：63-65.

② 黄锡生，何雪梅. 中国环境资源法律实施的障碍及对策. 重庆大学学报（社会科学版），2007，13（5）：89-94.

法律本身对涉及实施的制度规定比较粗放甚至不健全；另一方面，更为重要的是环境资源法律实施的行为主体由于各式各样的原因，不能做到遵纪守法、执法必严。

国家一方面重视环境问题、加强环境立法，提倡可持续发展，但同时，经济发展和庞大人口的生计需求形成强大的推力，延续甚至加剧了环境问题的恶化。这种情况表明，国家的宏观调控政策存在着无法有效协调资源环境保护和经济社会发展的问题①。生态环境保护的市场失灵和政府职责缺失要求在制度上必须加强法律体系的完善，以实现人与自然的和谐共生②。

资源环境立法过程一直采取部门主导的方式，在法律上承认主管部门统管，各相关部门分管，而且县级以上地方政府在其辖区内也有资源环境的管理权。但是各方的职权划分又不清晰，普遍存在交叉重叠现象，而又没有规定具体可行的协作机制，以致成为中国资源环境立法的首要问题。按照现行各资源法的规定，每一种资源都有一个行政主管部门，但却没有统一的监督管理部门。各个主管部门既要管资源的开发利用、考核资源开发利用的产值，又要负责资源和生态的保护③；各相关分管部门或地方政府，在部门或地方利益的影响下，即使做到了依法行政，各利益相关方之间“依法打架”的现象也在所难免。这对法律的修订和完善带来了一些体制性障碍，类似《野生动植物保护法》由于分属陆地（林业）和水生（农业部渔业部门），造成法律修订的困难；另外由于涉及的部门多，又有地方政府的介入，拟制定的《自然保护区法》迟迟不能通过。因此，如何平衡和协调资源开发利用和保护的关系，确保生态系统的完整性和可持续性，仍然是法律制度上尚未很好解决的一个难题。

法律是以规则为主，不能仅限于原则性规定，否则就没有确定的标准，难以对各种利益关系和社会关系加以有效调整④。例如，环境资源法律要求环境污染治理、生态系统保护和利用都要进行统一规划，而且需与国民经济和社会发展的计划规划、土地利用规划、国土整治规划等相衔接和协调，但是却没有规定以何种机制保障规划之间的协调统一，因而缺乏实质上的约束性。

涉及森林、草地、湿地的主要法律存在以下普遍问题：（1）生态系统作为资源

① 杨练军. 环保制度和环境法律有效实施的经济根源. 审计与理财，2008（10）：48-49.
② 张辉. 生态环境法律保护的经济学分析. 辽宁师范大学学报（社会科学版），2006，29（1）：24-26.
③ 陈开琦，唐军. 我国自然资源法律保护问题研究. 社会科学研究，2007（6）：3-8.
④ 孙艺超. 我国环境政策与环境法律. 法制与社会，2007（11）：157-158.

的权属，法律上规定为公有制，即全民（国家）所有或集体所有，这种界定有相当模糊性，造成实践中不易贯彻落实，也容易因为利益驱动的不同而形成中央政府、地方政府和集体组织等资源权属相关方的利益冲突和博弈，引发资源浪费和破坏；（2）资源环境管理职能的法律定位错综复杂，导致在具体生态系统的利用、保护和管理上，政府各相关部门、中央和地方政府的职责、权力和权利不明晰，职能的交叉重叠、利益的冲突对抗，影响法律在实践上的有效性；（3）在现行法律中政府被赋予了资源环境管制者的地位，其在资源环境开发利用和保护中负有的法律责任缺乏规范，公众参与机制不健全，成为制约资源环境法律权威性和实效性的重要制度根源之一。政府不履行环境责任或履行责任不到位是造成中国环境顽疾久治不愈的主要原因，由于政府环境责任的不健全，政府可能出现决策失误，还会出于经济利益的考虑在环境保护方面不作为甚至干预执法，对整个社会产生消极的影响①。另外，具体法律规定之间也存在一些明显的矛盾和冲突，给法律的适用带来困难（见专栏 3.1）。

专栏 3.1　不同法律之间的法律冲突（举例）

例如《农业法》第二条中把林业作为农业的一部分（第二条），与《森林法》的精神形成了明显的冲突。再如《水污染防治法》规定的渔业水体的概念与《渔业法》规定的渔业水域的概念不一致，导致执法上不好确定是应当由渔业部门还是环保部门管辖②。法律之间的冲突性还表现在③：不同的法律在涉及同一行为时，往往有不同的规定，如在草原区狩猎，《野生动物保护法》要求必须办理狩猎证，否则违法，而《草原法》无此要求；对相同资源利用行为，有的法律要求采取保护措施，有的则不要求，例如《水土保持法》要求林木采伐需有水土保持措施，而《森林法》却没有相应要求；对同一违法行为，有的法律规定追究法律责任，有的则未规定，如《水法》对违反禁止围湖造田规定的行为，规定责令停止违法行为、限期采取补救措施，还可以并处罚款的法律责任，而《渔业法》没有违法责任的规定。

① 钱水苗. 政府环境责任与《环境保护法》的修改. 中国地质大学学报（社会科学版），2008，8（2）：50-54.
② 宋丽平. 我国环境法律体系存在的问题及建议. 安全、健康与环境，2007，7（11）：2-3.
③ 王灿发. 我国自然资源立法对自然保护的局限性分析——兼论自然资源法与自然保护法的相互关系. 环境保护，1996（1）：43-45.

3.2.3.2 生态系统管理的有关政策分析：以林权制度改革为例

2003 年《中共中央国务院关于加快林业发展的决定》，明确了深化林业体制改革的任务，对集体林权制度改革提出了总体要求①，并在福建、江西、辽宁等地率先开展试点。国有林区林权制度改革也于 2006 年正式启动②。2008 年发布的《中共中央国务院关于全面推进集体林权制度改革的意见》进一步提出，将用 5 年左右时间基本完成集体林权改革任务。

深化林业体制改革的一个重要目的是激发林业生产经营的积极性，促进林业的快速发展和森林资源的增长，建立以森林植被为主体的国土生态安全体系③。但是，从各地试点的情况来看，林权制度改革的实效并不像预期的那样乐观。

首先，林权制度改革，理论上能激发微观经营主体培育和开发利用森林资源的积极性，但实践中并不必然导致保护森林的结果④。全国耕地每亩平均经济产出水平已达 686 元，而林业用地的经济产出水平仅有 22 元⑤。林业的比较效益低，带来了承包森林资源的掠夺性开发和生态破坏的风险⑥。海南省的情况是：林权改革后山地多用于栽种经济树种、果树等，而对山上的灌木等进行清除，破坏了山上原有的生态结构，使生态、水土保持功能变得脆弱，水土流失等生态问题就开始显现⑦，辽宁也有植被破坏、水土流失加剧的情况发生⑧。

其次，林权制度改革的基本政策导向是“管住公益林，放活商品林”。那么，公益林和商品林的界定和划分成为一个利益攸关的问题。目前，公益林的生态补偿标准比较低，如湖北省实际的补偿金每公顷不足 70 元，与商品林经营的效益比较

---

① 邹春玲. 集体林权制度改革的调查与思考——以桃江县为例. 湖南省社会主义学院学报·统战理论与实践，2008（4）：46-49.

② 王建林. 伊春市林权改革的调研报告. 吉林林业科技，2008，37（2）：41-44.

③ 何得桂. 我国集体林权制度改革的现状、问题及对策. 地方财政研究，2008，7：45-48.

④ 王晓毅，王红艳，李吉庆，胡崇德. 预期不确定下的林权制度改革——陕西太白山区调查之二. 江苏行政学院学报，2008，39（3）：48-54.

⑤ 周少舟，方兰，缪光平，杨文生，费勇. 集体林权制度改革：背景、进展及其他. 中国林业产业，2008（5）：44-47.

⑥ 罗朝伟，叶洪权. 珙县集体林权制度改革进程中资源管理问题及对策建议——以珙县联营林场体制改革为例. 四川林业科技，2008，29（3）：90-93.

⑦ 黄允. 浅谈海南省集体林权改革现状及其对策. 热带林业，2008，36（3）：44-45.

⑧ 丑纯众. 林权改革要慎之又慎. 辽宁公安司法管理干部学院学报，2008（3）：71-72.

处于劣势，导致林农经营和管护生态公益林的积极性不高①，生态公益林自然得不到有效保护。有针对辽宁集体林权改革背景下325户林农的研究表明，对商品林（用材林）的投入行为在不同类型经营主体之间也存在显著差异②。湖南湘潭的调研也发现类似情况③：森林资源的好坏和地理位置的远近影响农户经营的积极性，加之林业经营比较效益低，大多数农户选择消极经营，林业收入低，林业生产发展缓慢。

可见，在当前的制度安排下，公益林向商品林让路，经营商品林的微观主体不能有效平衡经济效益和生态效益的趋势难以避免。生态效益优先的林业快速发展的基本方针也不能有效贯彻。因此，林权改革远非一改了之，而必须在充分试验和客观研究的基础上，形成系统完备的政策、制度规范，加强引导和监管，切实保障森林生态系统的可持续管理。从上述情况得到的启示是涉及生态系统管理的宏观政策同样应该坚持战略环评、科学决策和动态调整的原则。

3.3 国家重大生态工程的进展

在生态环境问题日趋严重的情况下，中国政府于20世纪末和21世纪初相继启动了一系列旨在保护环境、遏制生态持续退化的若干重大工程。主要包括天然林资源保护、退耕还林还草、三北、长江及沿海防护林体系建设、京津风沙源治理、野生动植物保护及自然保护区建设、三江源生态保护和建设等重大工程项目④,⑤。客观上讲，这些工程措施从一定程度上提高了植被覆盖率，发挥了不同生态系统在防风固沙、保持水土、涵养水源、固碳、维持并提高生物多样性等方面的功效，从而改善了人居环境和区域小气候。同时，大规模的工程活动也在很大程度上提高了国民的环保意识，取得了良好的社会效益⑥,⑦。在实施的过程中，积累了不少有益的

---

① 王晓毅，王红艳，李吉庆，胡崇德. 预期不确定下的林权制度改革——陕西太白山区调查之二. 江苏行政学院学报，2008，39（3）：48-54.

② 张俊清，吕杰. 集体林权制度改革下林农对用材林的投入行为分析. 林业资源管理，2008（4）：40-43.

③ 陈少平，赵文彬，甘正气. 关于集体林权制度改革的调研报告. 农村、农业、农民（A版），2008（12）：10-11.

④ Lin，G.C.S.，Ho，S.P.S. China's land resources and land-use change：insights from the 1996 land survey. Land Use Policy，2003，20：87-107.

⑤ Bennett，M.T. China's sloping land conversion program：Institutional innovation or business as usual? Ecological Economics，2008，65：699-711.

⑥ 庄作峰. 天然林保护工程投入政策、存在问题及对策. 世界林业研究，2003，16（4）：60-63.

⑦ 张鸿文. 我国退耕还林工程建设成效、问题及对策. 林业资源管理，2007，3：13-17.

管理经验。但在整体规划、具体实施、监督评估过程中，尚存在不少值得进一步提高和改进的地方，这些问题也是大多数生态工程存在的共性问题。

3.3.1 国家重大生态工程进展及总体效果

中国的生态保护与建设工程及政策的实施投入巨大，涉及面广。来自国家发改委的信息表明，近 10 年来中国在森林、草原和湿地等方面的重大生态工程上投资已经超过了 7000 亿元[①]（图 3.5）。

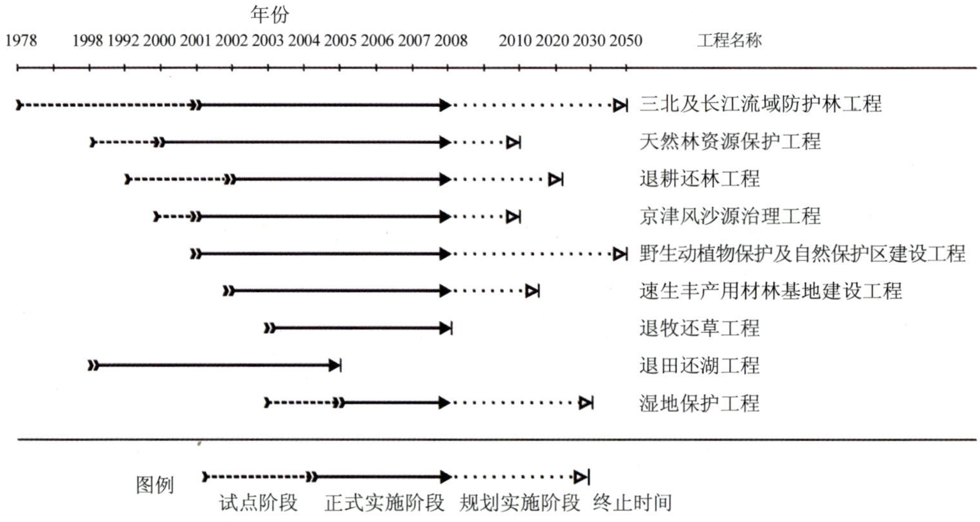

图 3.5　1978 年以来主要生态保护与建设工程进展

总体上，中国重大生态工程的实施取得了一定成效。在森林方面，我国营造林事业和林业生态建设得到了长足的发展。据国家林业局数据，2001—2007 年，全国累计完成造林面积 4 257.25 万 hm^2，中国人工林已占到世界人工林面积的近 1/3，年均增量占世界的 53.2%，成为森林资源增长最快的国家；截至 2007 年，三北防护林工程已累计完成造林保存面积 2 446.9 万 hm^2，工程区森林覆盖率由 1978 年的 5.05%提高到 10.51%[②]。

① http：//www.gov.cn/jrzg/2009-09/06/content_1410392.htm.

② 李俊. 从三北防护林建设看我国林业生态工程的发展. 中国林业，2009（5A）：38-39.

1999—2008 年，全国累计实施退耕还林任务 2 686.7 万 hm^2，中央已累计投入 1918 亿元，项目区森林覆盖率平均提高超过 3 个百分点[①]。京津风沙源治理工程建设质量效益明显提高，重点沙区绿洲面积进一步扩大。生物多样性保护取得新进展。林业自然保护区面积达到 1.23 亿 hm^2，占国土面积的 12.8%，为 85%野生动物种群、65%的高等植物群落，以及 300 多种国家重点保护的珍稀濒危野生动物、130 多种珍贵树木提供了良好的栖息环境，大熊猫、朱鹮、金丝猴、苏铁、红豆杉等一大批濒危物种野外种群、数量稳中有升，一大批珍贵的森林风景资源和林业自然文化遗产得到有效保护。林业生态工程的实施，大大加快了我国国土绿化进程，重要的天然林和公益林得到了保护，水土流失率有所下降，风沙危害减轻[②]。

在草原生态建设与保护方面有了较大进展。到 2008 年年底，全国人工种草累计保留面积达到 2 867 万 hm^2，草原围栏面积超过 6 200 万 hm^2，禁牧休牧轮牧草原面积累计达到 9 867 万 hm^2[③]。通过保护和建设，草原植被得到初步恢复，防风固沙和水土保持能力显著增强，项目建设区生态环境明显改善。

国家林业局的数据显示，截至 2009 年年底，全国已建立湿地自然保护区 470 多处、国际重要湿地 37 处、国家湿地公园 100 多处，约有 49.6%的自然湿地得到保护，一批生态地位重要的退化湿地生态状况正在逐步得到改善。

中国近年来生态保护和恢复所取得的成效很大程度上得益于自上而下强有力的政策推动和巨大的资金、资源投入。然而在全球气候变化、经济全球化的背景下，中国经济社会发展和人口消费需求的压力下，在国家重大生态工程实施区，生态系统得到了一定程度的恢复和改善。但是从全国的尺度上看，生态和环境状况“局部改善、整体恶化”的趋势还没有得到根本改变，生态恢复和保护仍然面临着严峻挑战。

3.3.2 国家重大生态工程中的共性问题

国家重大生态工程在实施过程中也暴露出了一些值得关注的共性问题，影响了工

---

① 李育材. 退耕还林工程是中国生态文明建设的伟大实践——全国退耕还林工程建设十周年总结. 林业建设，2009（5）：3-13.

② Cao，S.X.，Chen，L.，Yu，X.X. Impact of China’s grain for green project on the landscape of vulnerable arid and semiarid agricultural regions：a case study in northern Shaanxi Province. Journal of Applied Ecology，2008，46（3）：536-543.

③ http：//www.forestry.gov.cn/portal/main/s/195/content-388304.html.

程的综合效率：（1）前期论证和规划不足；（2）工程实施过程中也面临着许多难题亟待解决，具体表现在生态治理难、成果巩固难、后续产业难、资金保障难、综合评价难等问题；（3）缺乏长效的监督管理机制。这些问题影响着工程的有效性和可持续性。因此，需要建立面向国家重大生态工程的科学决策、综合评价和监管机制。

另外，在生态移民安置政策中，也存在监管不力的问题。譬如，由于移民规划的监督审核机制不健全，大部分移民工程的设计规划和实施方案不够合理，移民新村选址及建设缺乏长远性和科学性，移民生计问题突出。生态移民建设的资金管理机制不完善，致使移民安置资金投入渠道狭窄。有些地方还出现挤占、挪用相关资金的问题。

3.4 中国生态系统管理领域的国际合作

在全球化背景下，联合国开发计划署（UNDP）、全球环境基金（GEF）、欧盟、世界银行等国际机构也纷纷与中国政府合作，实施了一系列生态系统管理方面的国际合作项目，取得了一些宝贵经验：（1）建立基于规划性方法的长期战略合作伙伴关系和能够与国家发展战略、规划或国际履约相衔接的项目规划框架，有助于确保项目效果的可持续性；（2）重视机构能力的加强与基础条件的改善；（3）强化项目的公众参与，搭建生态系统优化管理与生计需求相协调的桥梁；（4）对项目实行过程管理和适应性调整；（5）促进自下而上的知识经验集成和成果推广；（6）搭建高层次的综合生态系统管理平台有利于进行多部门协调，最佳途径是优先加强现有的机制。

在历届国合会工作中，均设置了生态相关的工作组/课题组，其中包括生物多样性工作组、西部开发中的林草问题课题组、生态安全课题组、流域综合管理课题组、保护地课题组、环境与自然资产定价与税收课题组、生态补偿课题组 7 个课题组。各个相关的工作组/课题组提出的政策建议主要分为政府工作机制改革、调查研究与试点推广、加强或革新管理手段、完善法律法规、宣传教育、研讨机制等。相对较快被采纳的建议主要为推动不同主管部门建立联席会议等工作机制改革、案例试点与推广等。而从长远来说，加强或革新管理手段、完善法律法规等建议也会在多部门的推动下得到落实。政策建议被采纳的最主要原因是所提建议与政府工作重点和需求相结合，符合中国的国情和发展趋势。

3.5 结语

中国是一个拥有 13.3 亿人口的发展中国家，持续快速的经济增长和强大的人口生计需求使自然生态系统承载着巨大压力，传统的粗放式管理已经难以满足经济社会发展对生态系统服务的需求。因此，必须探索适合中国国情的生态系统可持续管理方略，以最大限度地发挥生态系统提供各种服务的能力，同时保持生态系统的完整性和可持续性。本章以中国森林、草地、湿地生态系统现状和趋势分析为基础，探讨国家层面与生态系统管理相关的体制、机制、法律和政策、生态恢复实践等问题，以期为中国生态系统服务与管理的综合研究提供宏观背景。

从生态系统变化的驱动机制上看，政策导向、人口规模、生计和社会经济发展需求发挥着最为直接的作用。因此，在转化人类因素对生态系统的需求压力上，培育替代生计，通过政策调整减轻压力，激发生态系统恢复和保育的动力，是生态系统管理实践面临的挑战。具体到国家宏观管理层面，由于生态系统内在的多功能性和复杂性，涉及森林、草地、湿地生态系统管理的各个部门，即使在“大部制”机构改革的推动下，部门职能的交叉、重叠也难以完全避免。部门进一步整合、扩大形式上的“大部制”，在国家层面的生态系统管理领域面临着强大阻力。在生态系统管理的法治化建设方面，传统“部门立法”的背景下，如何有效协调各部法律、法规的关系，提高立法和法律修订的质量及效率，强化法律对于生态系统管理中利益相关方权力、义务和责任的调整力度和可操作性，仍然是生态系统管理领域法治化建设面临的重要挑战。面对中国生态系统管理中的问题和挑战，基于本章的分析和研究，拟对国家的政策走向提出如下建议：

（1）在生态系统管理的法治建设方面，强化全国人大资源和环境保护委员会的法律监督职能，搭建跨部门沟通与合作的桥梁，提高生态系统管理领域立法、司法和执法水平。

（2）在生态系统管理的行政体制上，国家层面构建公务协作平台，形成规范化的职能协调和公务协作机制；县一级地方政府是生态系统管理的前线和行动单元，因此，要强化其在部门职能整合及生态系统综合管理中的责任。

（3）将生态系统可持续管理置于基本国策的高度，强化生态系统综合管理的基础能力建设。优先行动包括：① 进一步强化生态环境影响评价制度，特别是战略环评，从源头上预防生态破坏；②建立生态系统观测、研究和可持续管理示范的国家体系；③建立生态工程项目的科学决策、过程管理和绩效评估制度；④以推动生态补偿政策为契机，强化对地方上生态友好的替代生计培育；⑤将生态系统服务与可持续管理的有关内容纳入生态科普和学校教育之中；⑥将基础能力建设作为国家扩大内需的重点投资方向，换取生态战略资本增值。

总之，在强大的消费和经济发展需求的压力下，中国生态系统服务和管理仍然面临着严峻挑战。成功应对挑战依赖于：（1）加强生态恢复工程的过程管理及其经验、成果的推广；（2）改善生态系统管理的法治建设；（3）建立生态系统管理的行政协调与协作机制；（4）借鉴生态系统管理的国际经验，推进国际合作；（5）将生态系统可持续管理置于基本国策的高度，强化生态系统综合管理的基础能力建设。

4 生态系统服务与管理情景分析

4.1 引言

本章主要介绍国合会生态系统服务与管理战略课题组有关中国生态系统情景分析的结果。该情景分析基于 CLUE 模型和生态系统服务矩阵，重点研究三类生态系统：即森林、草地和湿地生态系统。CLUE 模型是土地利用转化及其效应模型，它是一个多尺度动态模型，是研究土地利用和土地覆被变化的空间分析工具。本章分析不同情景下土地利用变化及其对中国生态系统服务的影响，揭示生态系统服务对国家未来发展的重要意义；在地方、省级和国家层面上提出维持和加强森林、草地和湿地生态系统服务与管理的政策建议。

4.1.1 目标

课题组的总体目标旨在研究生态系统服务与管理对中国未来可持续发展的贡献，尤其关注基于生态系统服务的森林、草地和湿地等生态系统可持续管理。

根据以上总体目标，情景分析研究工作主要实现以下目标：

- 评估在“一切照常情景”下，中国森林、草地和湿地生态系统服务的现状和发展趋势。
- 评估在“规划情景”和“优化情景”下，生态系统服务与管理对中国未来可持续发展的潜在贡献，重点关注森林、草地和湿地生态系统的作用。“规划情景”以国家宏观发展目标和部门的规划指标作为变量来设定；“优化情景”是在“一切照常情景”和“规划情景”所存在的生态风险分析的基础上，根据中国可持续发展的需求来设定。

- 基于不同情景的比较分析，为决策者提出一套生态系统服务管理策略、政策以及行动，维持和加强生态系统服务，实现可持续发展的长远目标。

情景分析的结果将有助于经济社会方面的讨论，从而为森林、草地和湿地生态系统可持续管理政策的制定提供科学数据和理论依据。

4.1.2 研究框架

课题组情景分析工作主要从四个层面开展研究（图 4.1）：①生态系统土地利用变化的空间模拟；②生态系统服务（ESS）功能评估；③生态系统服务的经济价值评估；④政策咨询与建议。在研究过程中，模型模拟始终与利益相关方咨询紧密结合，并将量化的研究结果纳入政策建议中。

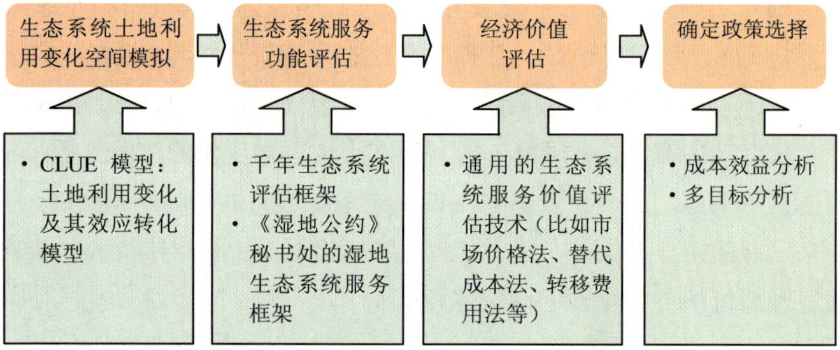

图 4.1 情景分析的框架与步骤

（1）框架概念

千年生态系统评估[①]为本研究的情景分析提供了理论框架，见图 2.1。千年生态系统评估将生态系统服务分为供给服务、调节服务、文化服务和支持服务，并强调每一种服务都会影响到多个方面的人类福祉。因此本研究将生态系统变化作为研究重点。

自然生态系统提供了各种人类所不可替代的服务。有些生态系统服务具有市场

① Millennium Ecosystem Assessment.（2005）. Ecosystems and Human Well-being：Synthesis.：Island Press，Washington，DC.

价值，比如木材；但是，多数生态系统服务的经济价值难以精确量化，也难以进入市场进行交易，常被认为是“上帝”的恩赐，都是免费的。例如，人类食物有 1/3 来自于植物，由 10 万多种动物为这些植物进行授粉；在这些动物消失之前，我们很难为它们所提供的授粉服务确定一个准确的市场价值[①]。

生态系统服务具有层次性，不同服务存在着复杂的联系。生态系统服务以及生态系统的生态和人文特征具有高度的时空异质性[②,③]。生态系统服务在不同的区域差异很大，生态系统在特定时空范围下的变化效应比起跨尺度的变化效应更容易区分。在预测生态系统服务变化时，必须进行空间分析。因此，本研究特别关注生态系统服务的如下 4 个特点：

a）生态系统服务之间是相互联系的。不同的生态系统具有多种价值和多重功能，这些生态系统在空间上也相互影响，具有直接的因果关系，比如，侵蚀必然导致下游与河口的泥沙沉积，构成了完整的物质与能量循环。这些循环反过来会影响生态系统，如果没有外来干扰，这些循环会驱动生态系统最终达到某种平衡状态。

b）生态系统服务既是产品又是过程。比如，由于经济发展导致的森林破坏，这不仅仅损失了木材（生态系统服务的一种产品），而且破坏了未来生产产品（包括木材）的能力和过程[④,⑤,⑥,⑦]。换言之，损失的不仅仅是流水线上的产品，还包括流水线自身[⑧]。

c）稳定性和弹性。在生态系统结构变化之前，土地利用系统具有应对干扰的缓冲能力。比如农民对土地利用方式（如果园或牧场）具有惯性，不会因为农产品

---

① R. A. Smail & A., D. J. Lewis 2009. *Forest land conversion, ecosystem services, and economic issues for policy: a review*. In: USDA（Ed.）: Forest Service. 1-40.

② E. Nelson, S. Polasky, et al., *Efficiency of incentives to jointly increase carbon sequestration and species conservation*, Proceedings of the National Academy of Sciences, 2008, 105（28）: 9471-9476.

③ G. Nelson, E. Bennett, et al., *Anthropogenic drivers of ecosystem change: an overview.* Ecology and Society, 2006, 11（2）, Article 29.

④ J. Boyd & S. Banzhaf, 2006. *What are ecosystem services?* Resource for the Future, Washington, DC.

⑤ T. Brown, J. Bergstrom, et al., *Defining, valuing and providing ecosystem foods and services*, Natural Resources Journal, 2007, 47: 329-376.

⑥ R. deGroot, M.Wilson, et al., *A typology for the classification. description and valuation of ecosystem functions goods and services*, Ecological Economics, 2002, 41（3）: 393-408.

⑦ J. Kline, 2007 *Designing an economics research program to describe and evaluate ecosystem services*, Gen. Tech. Rep. PNW-GTR-700, Portland, USA.

⑧ R. A. Smail & D. J. Lewis 2009. *Forest land conversion, ecosystem services, and economic issues for policy: a review*, In: USDA（Ed.）: Forest Service. 1-40.

市场价格的短期波动，而改变土地利用方式。

d）社会—经济与生物物理因素。人口增长、经济发展和社会公平性等是土地利用变化的主要驱动力，决定了土地利用变化的方向和速率。

考虑到生态系统结构与共同开展功能的复杂性，生态系统服务的多重性和取舍权衡是进行多尺度的发展规划或促进生态系统服务能力的核心。因此，本研究发挥了生态学家、地理学家和经济学家的紧密合作，开展了多种可持续发展政策的评估。

（2）三种情景

土地利用变化是生态系统变化的主要直接驱动力之一，为此，本研究设定了土地利用变化的三种情景，并进行了对比分析。本研究还确定了十类土地利用类型，这些土地利用的转化导致生态系统服务价值也随之发生相应的变化。

"一切照常情景"是根据 1995 年到 2000 年的土地利用变化趋势推断的 2000 年全国生态恢复工程启动之前①的土地利用变化态势。该情景主要回答两个问题：一是如果保持现有的土地利用的发展趋势，到 2050 年中国的土地利用将如何变化，这些变化对森林、草地和湿地生态系统将产生什么影响；二是这些生态系统所提供的生态系统服务及其价值将如何变化。该情景是在对中国森林资源、草地资源和湿地资源过去近 50 年的时空分布状况及其变化趋势综合分析基础上设定的。

"规划情景"的预测是基于中国政府部门（林业和农业）为森林、草地和湿地所制定的发展目标（见专栏 4.1）。这些发展目标必然会对土地利用变化产生影响。该情景将与"一切照常情景"相比较，主要回答关于"规划情景"下，土地利用将发生怎样的变化，这些变化将对生态系统服务产生何种影响的问题。

"优化情景"的提出是基于"一切照常情景"和"规划情景"的比较结果，政府部门发展规划目标之间的冲突分析，以及国内外案例研究所取得的经验。在该情景中，生态系统服务目标将会调整得更切实际，与部门发展规划更加一致。根据生态系统的时空特征，为各地发展分别设置不同的优先区域。通过加强政府和利益相关方的参与，生态系统服务与管理在环境、经济和社会之间的利益权衡也将得到优化。政府补贴、经济激励和公众意识都将在可持续生态系统服务管理中发挥重要作用。

① 2000 年 1 月，中共中央发布了 2 号文件；同年 3 月，国务院同意国家林业局、财政部和国家发改委联合启动长江和黄河中上游地区退耕还林还草示范项目，这标志着中国国家生态恢复项目的正式启动。

专栏 4.1 “规划情景”的相关背景

在“规划情景”研究中，国家各部委所制定的发展目标被作为一种政策干预。

《中国林业发展规划（2003—2050）》，由国家林业局编制，其目标是主要通过在东北、三北[①]、北方中部、南部、东南部热带海岸带、西南峡谷、青藏高原七大区域实施造林和护林行动，到 2020 年、2030 年和 2050 年将全国森林覆盖率分别提高到 23.4%、25.5%和 28%。

《国家湿地保护工程规划（2002—2030）》，由国家林业局编制，其目标是到 2020 年将把 7 650 km^2 农田和草地恢复为湿地，在 2020 年至 2030 年间重点在中国东北地区、黄河中下游地区、长江中下游地区、沿海地区、西南地区、南方地区、云贵高原、西北地区和青藏高原重建 14 040 km^2 湿地。

《国家草原保护与发展计划（2007—2020）》，由农业部编制，其规划目标是到 2010 年，全国改良草原面积达到 4 000 万 hm^2，人工种草保留面积达到 2 000 万 hm^2，到 2020 年，全国改良草原 60 万 km^2，人工种草面积达到 30 万 km^2。其工作的优先区域有四个：a）北方干旱和半干旱草原；b）青藏高原高山草甸；c）东北和北方湿润和半湿润草原；d）中国南方草地。

4.2 研究方法

CLUE 模型用以模拟三种情景下的土地利用转换/变化。生态系统服务评估采用生态系统服务矩阵，将不同的土地利用类型赋予不同的生态系统服务能力（包括供给服务、调节服务和文化服务）。同时，还在 GLOBIO 模型中使用了平均物种丰富度（MSA）等生物多样性指标。未来各省（市区）对特定生态系统服务的需求差别很大，因而，我们在省级尺度上进行需求估算，然后汇总成全国的总需求量。根据不同土地覆被类型的生态系统服务供给量，估算全国尺度上对生态系统服务供给的总量。

① 三北地区包括内蒙古中部和西部、辽宁西部、吉林西部、河北北部、北京北部、山西大部分地区、陕西北部、甘肃北部、青海北部、新疆和宁夏。

4.2.1 CLUE 模型

CLUE 模型[①]是分析土地利用变化及其影响的空间模型。该模型根据实际的土地利用结构，通过识别和量化土地利用变化中最重要的生物物理和人文驱动力，从多个尺度来定量模拟土地利用变化。该模型综合了动态模拟和经验方法，能有效地揭示土地利用及其驱动力之间的复杂关系。CLUE 模型需要输入四类信息（见专栏 4.2、图 4.2）：

专栏 4.2　CLUE 模型需要输入的四类信息

（1）区域性政策和限制：通过政策（如保护区）和使用权来指示土地利用发生变化的区域。

（2）土地利用类型的转换参数设置：包括：（a）土地利用从一种方式向另一种方式转换的弹性，其取值范围为 0～1；（b）转换的可能性，取值为可能或不可能。这些转换参数均应用到“主要参数”和“转移矩阵”中。

（3）土地利用需求：是情景分析中相对独立的一部分，按照各情景中土地利用需求量设置。所设定的土地利用需求在总体上控制全国及各地区土地利用变化的总量水平和结构。

（4）地域特征：是指驱动土地利用变化的四类因子，这些因子随着空间位置的变化而发生变化。这四类因子是：

地形因子：坡度、海拔和排水能力

土壤因子：土壤厚度、pH 值、土壤质地和土壤有机碳含量

气候因子：气温、降雨和辐射

社会经济因子：GDP、道路通达性和人口数量

本项目重点研究森林、草地和湿地等三类生态系统，每类生态系统根据其类型和数据的可获取性又细分为两种类型。除这三类生态系统外，本项目还考虑了建设用地、耕地及未利用土地等 CLUE 模型确定和采用的 10 种土地利用类型（见专栏 4.3）。

---

① P. H. Verburg & K. P. Overmars，et al.，2007. Dynamic simulation of land-use change trajectories with the CLUE-s Model. *Modelling Land-Use Change - Progress and applications*. Springer，Dordrecht，The Netherlands，pp. 321-335.

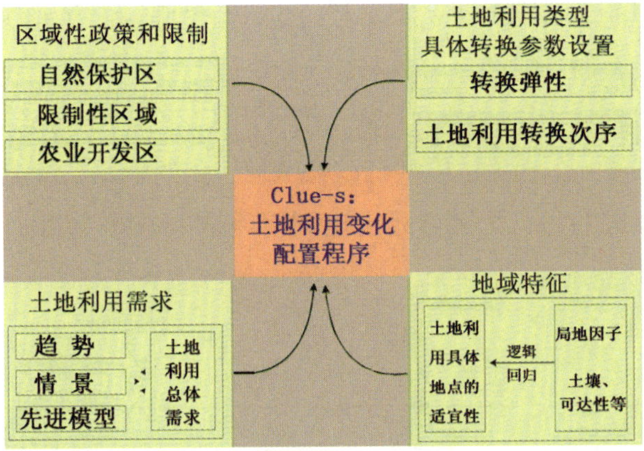

图 4.2 CLUE 模型的四类输入参数

专栏 4.3 本研究所采用的十种土地利用类型

本研究所采用的土地利用类型，是在中国科学院资源环境数据中心对土地利用分类[①]的基础上，根据本项研究的需要，以原二级分类为基础，划分了十种土地利用类型，其中：1 和 2 属于森林生态系统，3 和 4 属于草地生态系统，5 和 6 属于湿地生态系统，将未利用地根据其是否可以利用，细分 9 和 10，建设用地 7 和耕地 8 沿用原一级分类。

1. 高密度森林
2. 中低密度森林和灌丛
3. 低密度草地
4. 中高密度草地
5. 河流和湖泊
6. 沼泽和泥炭地
7. 建设用地
8. 耕地
9. 不可利用的未利用土地（降雨< 125 mm，冰川、沙漠）
10. 可利用的未利用土地（降雨> 125 mm）[②,③,④]

---

① 刘纪远，刘明亮，庄大方，等.中国近期土地利用变化的空间格局分析. 中国科学(D 辑)，2002，32(12)：1031-1043.

② Holdridge I R.， Simple methods for determining potential evapotranspiration from temperature data. Science，1959，130：572

③ Tian Xiangyue，Ze Mengfan，Ji Yuanliu，Bo Xinwei. 2006. Scenarios of Major Terrestrial Ecosystems in China. Ecological Modelling，199：363-376.

④ Tian Xiangyue，Ze Mengfan，Ji Yuanliu. 2005，Changes of Major Terrestrial Ecosystems in China since 1960. Global and Planetary Change. 48：287-302

土地利用类型的转换由上述四类参数决定。政策限制：有（1）或无（0）；弹性，即土地利用类型转换的可能性，由专家打分，0（没有可能）～1（很有可能）。中国政府设定的发展目标作为干预因子，输入模型用于区分“一切照常情景”和“规划情景”。输入这些参数后，CLUE 模型可以模拟理想化的生态系统变化空间分布模式。

CLUE 模型考虑的另一个因素是土地利用跨越了不同的生态区。在本研究中，为了反映生态系统服务的时空特征，将全国划分为八个生态区，其名称与范围见专栏 4.4，其分布见图 4.3。

专栏 4.4　本研究界定的八个生态区

本生态区分类是在《中国生态区划方案》①的基础上，根据本项目的需要，对原 18 个生态区二级分区进行了适当归并，形成 8 个生态区，其中：西北区和青藏高原区范围较大，而其余 6 个生态区大致从北到南呈纬向分布。

1．东北区：包括黑龙江、吉林、辽宁大部、内蒙古东北部

2．西北区：包括内蒙古大部、新疆大部、青海北部、甘肃大部、宁夏、陕西北部、山西北部、河北北部

3．青藏高原区：包括西藏、青海南部、新疆部分、四川西南部

4．中温带湿润区：辽宁南部、河北大部、北京、天津、山东、江苏北部、安徽北部、河南大部、陕西中部、山西南部、甘肃部分

5．北亚热带湿润区：江苏南部、安徽南部、湖北大部、河南南部、陕西南部、甘肃部分、湖南部分、上海

6．中亚热带湿润区：浙江、安徽部分、福建北部、江西、湖南大部、湖北西部、广东北部、广西北部、云南北部、贵州、四川东部、西藏部分

7．南亚热带湿润区：福建南部、台湾大部、广东南部、广西南部、云南南部

8．热带湿润区：云南部分、广东部分、海南、台湾部分

---

① 傅伯杰，刘国华，陈利顶．中国生态区划方案．生态学报，2001，21（1）：1-6.

4.2.2 生态系统服务评估

土地利用变化改变了森林、草地和湿地生态系统，直接影响到这些生态系统所能提供的供给、调节和文化服务的能力[①,②]。生态系统服务评估的目标是确定不同情景下的土地利用变化对生态系统和生物多样性的影响，评估这些生态系统的服务供给能力的变化。本研究采用了平均物种丰富度（MSA）作为主要的生物多样性指标。

图 4.3　中国 8 个生态区分布图

（1）生物多样性指标与 GLOBIO 模型

生物多样性包括基因、物种、种群、功能类型、群落、景观单元的数量、丰富

① Millennium Ecosystem Assessment 2005. *Ecosystems and human well-being : synthesis.* Island Press, Washington, DC.

② L. Braat & B. ten Brink 2008. *The cost of policy inaction，the case of not meeting the 2010 biodiversity target.* Alterra，Wageningen，the Netherlands.

度及其结构，对生态系统服务供给的影响很大，进而影响到人类福祉[①]。GLOBIO3 模型[②]确定了环境驱动力及其对生物多样性影响的因果关系。这些因果关系是从广泛的文献分析中总结而来的。该模型描述了在某种压力下，通过维持原生物种平均丰富度（MSA，相对于原始植被和环境条件而言），来维持生物多样性。

GLOBIO 模型通过因果关系还将人类干扰纳入到模型中来，这些人类干扰包括：

- 土地利用变化和林业（比如农业扩展和农田荒废）
- 基础设施和居民点
- 破碎化
- 氮沉降
- 气候变化

这些干扰所产生的影响取决于干扰的大小以及干扰作用的原始生物群系。GLOBIO3 模型所界定的平均物种丰富度指数，见专栏 4.5。

专栏 4.5　GLOBIO3 模型中的平均物种丰富度（MSA）指数

GLOBIO3 模型在全球范围内得到了广泛应用，土地覆被和土地利用类型根据通用的土地利用强度重新分类，其取值范围为：受干扰最小的原始植被，其平均物种丰富度（MSA）指数为 1；建设用地中人工建筑覆盖了 80%以上的区域，其平均物种丰富度指数为 0.05。平均物种丰富度为 1 时，表示该土地利用类型的生物多样性接近原始植被的生物多样性，具有 100%未受干扰的生物多样性。在退化森林生态系统中，生物多样性要小很多。该模型将全球次生森林的平均物种丰富度定为 0.5。人类活动引起的土地利用变化所影响到的某区域生物多样性降低程度由土地利用强度决定。

重要的是，我们应该认识到平均物种丰富度的取值不仅取决于物种的数量，还取决于生态系统中代表性物种的个体数量。一个物种较少的、未受干扰的沙漠地区，

---

① Chapin，F. S.，R. Dirzo，et al.（Eds.）2005. *Biodiversity Regulation of Ecosystem Services：Ecosystems and Human Well-being：Current State and Trends.* Island Press，Washington，DC.

② J. R. Alkemade & M. van Oorschot，et al.，GLOBIO3：*A framework to investigate options for reducing global terrestrial biodiversity loss*，Ecosystems，2009 12（3）：374-390.

其平均物种丰富度的取值与拥有众多物种的热带雨林是一样的。GLOBIO3 在方法论上的突出贡献是，指出了原始生态系统受到的干扰与全球生态系统所受的干扰呈正相关。轻度利用、未受干扰的、拥有较少物种的北方森林，其产生的后果与轻度利用、未受干扰的热带雨林类似。为此，轻度开发的原始森林的剩余平均物种丰富度与北方森林和热带雨林基本一样。

（2）各种土地利用类型提供生态系统服务的能力

本研究中所使用的是 Braat 和 B. ten Brink 使用过的一种评估方法①，这种方法针对不同土地利用类型所提供的供给、调节和休闲服务的相对能力进行评估。将每一种土地利用类型提供的多种生态系统服务的相对能力都赋予一定的分值。Braat 和 B. ten Brink 采用的统一的土地利用强度分类也被 GLOBIO 模型所采用。这种相对能力的估计具有广泛的文献研究和专家知识的支撑，图 4.4 显示了该研究框架。

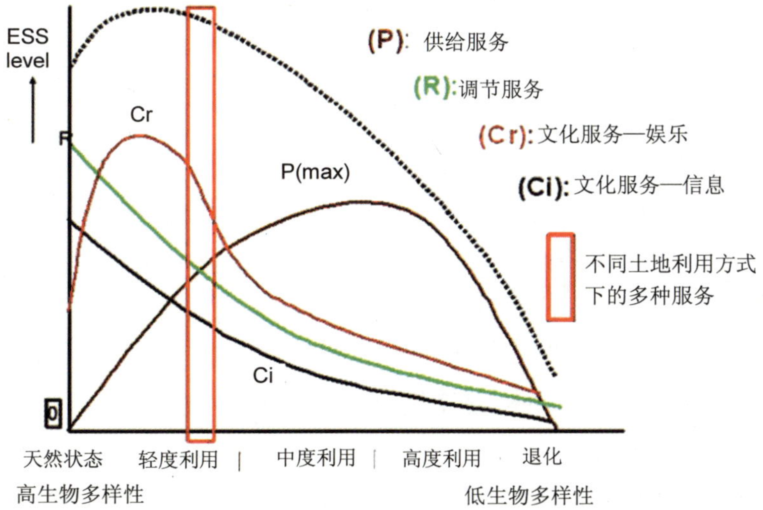

图 4.4 生态系统服务供给与土地利用类型的关系①

① L. Braat & B. ten Brink 2008. *The cost of policy inaction，the case of not meeting the 2010 biodiversity target.* Alterra，Wageningen，the Netherlands.

4.2.3 未来的供给与需求：畜产品、木材和旅游

利用生物多样性矩阵，在大尺度上估算了生态系统服务功能水平，包括供给功能（如草原载畜量、森林木材产量）和文化功能（如森林旅游）。由于各省对肉、奶、木材和旅游等产品的需求差异很大，为此，本研究先在省级尺度上进行需求计算，然后汇总成全国的需求量。另外，通过估算不同土地覆被的生态系统服务供给量，最后汇总出全国的供给量。

社会、经济和人口被视为生态系统服务消费的驱动因子。GDP 的增长和收入变化具有显著的区域差异，并形成了城乡分化。人口动态变化不仅受到城市化进程影响，还受到社会、经济和人口增长因素的影响。在估算未来供给和需求时，也考虑了人口增长的影响。在估算需求时，国家尺度上的驱动力被分配到各个省区。利用 Toth 等人开发的尺度外推人口预测模型，全国的农村和城市人口也被分配到各个省区[①]。在需求计算中，假定在各省之间以及城乡之间收入差距不大，未来 GDP 也按照现状比例分配到各个省区。

（1）草地生态系统的供给服务

草地是众多动物的栖息地，它能够产出肉类和奶类，也能储存碳。同样，草地在水文循环中还发挥着重要的作用。草地也具有重要的文化价值。中国人依靠草原的动植物为生，有向往田园生活的传统。草地生态系统主要的供给功能是生产肉类和奶制品。自然而然，草原上还生活了一定数量的家畜。动物的相对价值是参照动物的食物能量消耗标准来确定的。中国将羊作为参考标准，一头成年牛相当于 5 个羊单位，据此计算，中国草原理论载畜量为 4.5 亿个羊单位[②]。

在中国，肉类和奶制品的消费具有显著的省际差异和城乡差异。据 2008 年《中国统计年鉴》，对于肉类和奶制品喜好的区域差异，在城市和农村之间表现得尤为突出[③]。一般地，可以预计个人对肉类和奶制品的需求随着收入的增加而增加，但是这种关系也并非可以长期延续。事实上，根据 FAOSTAT 的数据，国家平均的畜产品消费呈经典的 S 形曲线趋势，经历了急剧的快速增长后，增速将慢

---

① F. L. Toth，G. Y. Cao，et al. 2003. Regional Population Projections for China. *Interim Report No. IR-03-042*. ILASA，Laxenburg，Austria.

② http：//www.fao.org/WAICENT/FAOINFO/AGRICULT/AGP/AGPC/doc/Counprof/china/china1.htm.

③ H. Liu & K. A. Parton，et al.，*At-home meat consumption in China：an empirical study*，Australian Journal of Agricultural and Resource Economics，2009，53（4）：485-501.

慢减缓（见图 4.5）。

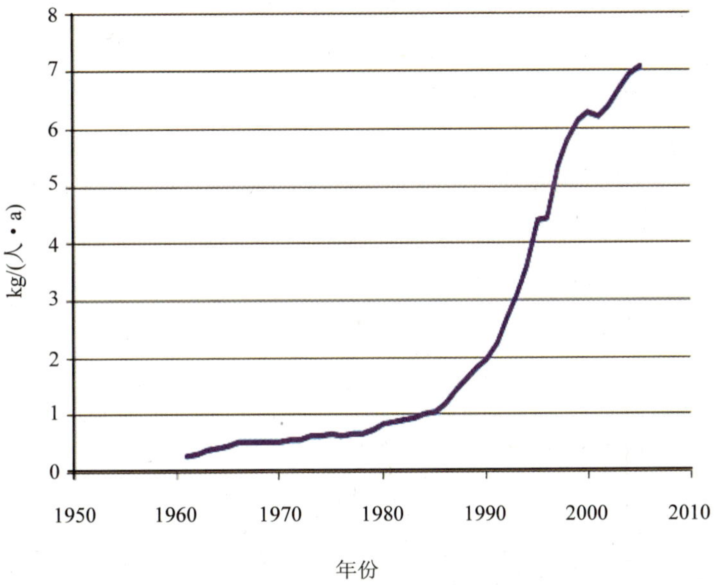

图 4.5　中国牛肉、羊肉消费量

中国肉类和奶制品需求量的估算需要考虑三个因素：一是消费量随收入的增长而增长；二是消费模式的区域差异将长期存在（在情景分析中，随着时间的推移这种差异将会有所减小）；三是人均饱和消费量。考虑到城市家庭外的肉类消费量并没有纳入国家统计范围，我们对估算结果进行了调整①。最后，将估算结果从以 kg 为计量单位的肉类和奶制品数量转换为以家畜数量为计量单位的需求量。完成这项工作，不仅需要知道每头家畜能提供多少肉类和奶，还需要了解维持生产所需的牲畜数量。

（2）森林的木材供给服务

森林提供了多种生态系统供给服务，包括提供木材、纸浆、薪柴（树枝）等木质林产品，竹藤、蘑菇、橡胶、松脂、茶油等非木质林产品。本书主要关注用于建筑材料的木材以及用于造纸的木浆。

① Ma，H.，Huang，J. Fuller，et al.（2006）. Getting Rich and Eating Out：Consumption of Food Away from Home in Urban China. Canadian Journal of Agricultural Economics，54（No.1）：101-119.

对于木材产品而言，主要的生态系统供给服务是每年的树木增长量。因此，我们根据国内对木材产品的需求，来估算相应森林树木增长量。事实上，中国实际的木材供应不仅依靠国内的森林，而且还依赖大量进口木材。但是，为了评估国内森林满足国内需求的能力，我们将所有需求用“增量”来表示。

中国加工的大量木材用于再次出口①。为此，在分析需求时，必须关注最终产品，而不是中间产品。相应地，我们还考虑了由新的开发建设所带来的木材需求。图 4.6 显示了国内木板用量的增长与新增建筑面积几乎呈 1:1 的正相关（数据来源于联合国粮农组织统计数据库 FAOSTAT②和《中国统计年鉴》③）。由于建筑与区域总产品有密切的关联，为此，假定各省的木板需求与区域收入成正比。

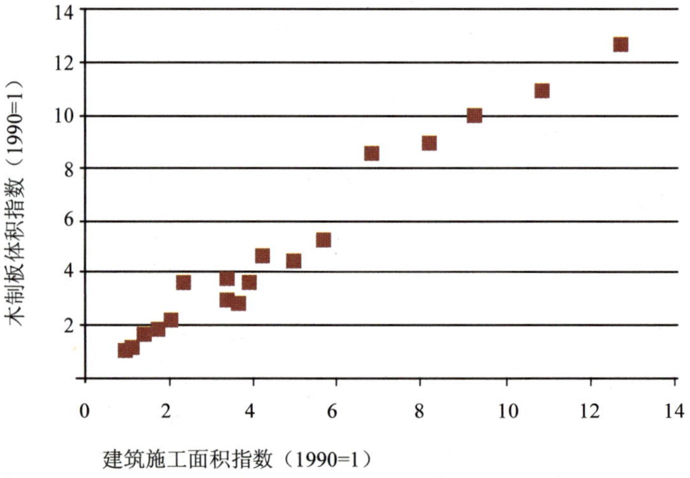

图 4.6　中国木制板和建筑的木材使用量变化趋势

对于木材产品，中国加工了大量的纸浆用于再出口。由于中国一直为国际纸市场提供产品，为此，重要的是关注对国内纸产品的最终成品的需求，而不是关注纸

① E. Katsigris, G. Q. Bull, et al., *The China Forest Products Trade: Overview of Asia-Pacific Supplying Countries, Impacts and Implications*. International Forestry Review，2004，6（3-4）：237-253.

② http：//faostat.fao.org.

③ 国家统计局. 中国统计年鉴（2008）.北京：中国统计出版社，2009.

浆和制浆木材这些中间产品。从1961年到2008年，中国纸和纸板的消费量和GDP一样稳步增长。根据联合国粮农组织统计数据库和世界银行数据显示，国内纸和纸板消费量随GDP的增长情况[①,②]，除了1997年亚洲金融危机之后出现了短暂的停滞，纸消费量与GDP有非常好的线性关系，事实是纸消费量的增加稍微落后于GDP增长。在我们计算未来需求时，假设这一趋势将持续下去，并且中国也将循环利用大部分的纸。

（3）森林旅游休闲服务

中国政府将旅游业当作农村发展的一种方式[③,④]。一些有发展前景的生态旅游区位于低收入的中西部地区。根据旅游目的地的发展水平，来自旅游业的收入差别较大。并且随着财政收入的增加，所产生的环境影响也会增加。休闲的需求可以通过多种方式来度量。其中，最为常见的两种度量标准是游客数量和旅游成本。由于旅游成本综合了游客数量及其服务需求两个方面的因素，本书使用旅游成本来进行度量。通常，在服务成本越高的地方，环境影响也越大[⑤]。

目前，境外旅游受到很大的限制[⑥]。为此，我们假设国内旅游费用主要用于国内旅游。《中国统计年鉴》报道了中国城市和农村的人均旅游费用，并绘制了其随时间变化的曲线图[⑦]。1999年以前，无论在城市还是农村地区，旅游费用在可支配收入中所占的比例基本相同。之后从1999年开始急剧下降，从最高的11%降至目前的6%左右。而在9个高收入的欧洲国家，平均旅游费用在人均GDP中的比重只接近1%。虽然旅游费用在收入中所占的比重还在下降，但是由于收入的快速增长，旅游费用或者在农村地区保持稳定，或者在城市地区继续增加。为了估算旅游需求，我们假设旅游费用在收入中的比重将继续下降，并逐步接近欧洲国家的水平（见图4.7）。

---

① http：//faostat.fao.org.

② http：//data.worldbank.org.

③ S. Gao，S. Huang，et al.，*Rural tourism development in China*，International Journal of Tourism Research，2009，11（5）：439-450.

④ L. Zhong，J. Deng，et al.，*Tourism development and the tourism area life-cycle model：A case study of Zhangjiajie National Forest Park，China*，Tourism Management，2008，29（5）：841-856.

⑤ S. Gao，S. Huang，et al.，*Rural tourism development in China*. International Journal of Tourism Research，2009，11（5）：439-450.

⑥ C. Lim，Y. Wang. *China's post-1978 experience in outbound tourism*，Mathematics and Computers in Simulation，2008，78（2-3）：450-458.

⑦ 国家统计局. 中国统计年鉴（2008）.北京：中国统计出版社，2009.

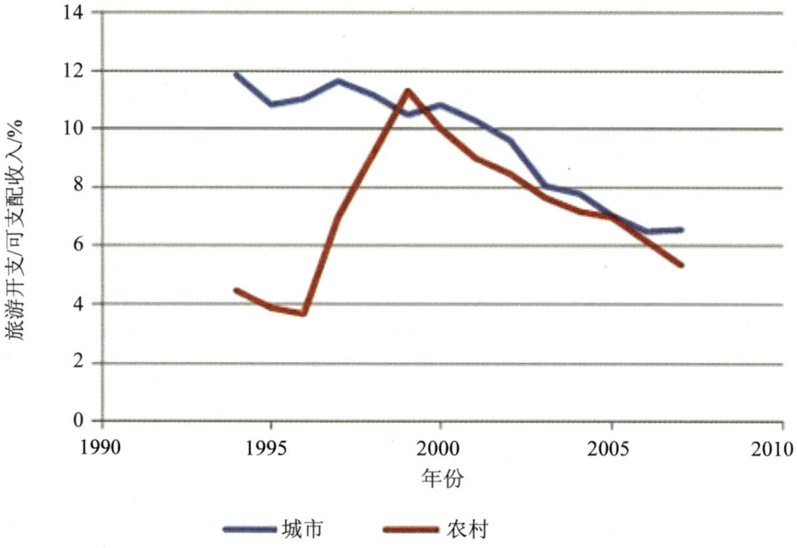

图 4.7　旅游开支在城市和农村收入中的比重

（4）生态系统供给服务

为了估算载畜量、木材和森林休闲等生态系统服务的国内供应量，我们根据不同的土地覆被类型，对每公顷面积上生态系统服务的产出进行赋值。草地生态系统供给服务主要依靠其承载力。由于当前放牧活动可能是不可持续的，我们采用具体生态系统的理论承载力来估算其现实承载力。对于本书采用的土地覆被类型，我们将草地的承载力用羊单位/（$hm^2 \cdot a$）表示，中高密度的草地承载力更高，而低密度草地的承载力低于 1 羊单位/（$hm^2 \cdot a$）。为此，首先要估算低密度和中高密度的草地承载力，然后才能估算平均承载力：

- 中高密度草地承载力：1.8 羊单位/（$hm^2 \cdot a$）
- 低密度草地承载力：0.4 羊单位/（$hm^2 \cdot a$）

根据上述讨论，森林的供给服务是林地木材的增量，这部分木材增量将有可能用于商业贸易。关于本研究中的森林分类，我们采纳了如下价值判断：

- 高密度森林（商品林）：2.5 m^3/hm^2 ①
- 低密度森林和灌木：没有商业产出

估算休闲服务的价值比估算休闲服务的需求更困难。随着时间的推移，任何地区都能够吸收或多或少的旅游消费②。而且，吸收的旅游消费越多，该地区退化的可能性也越大③。我们采用的分析方法是，为所有森林公园指定一个统一的单位公顷上的可持续收入水平。本分析采用了 Zhong 等在湖南张家界国家森林公园的研究案例④，见专栏 4.6。

专栏 4.6　张家界国家森林公园案例

在该案例中，这种分析方法和驱动力解释得到了验证。在 1978 年，张家界国家森林公园还是相对原始的区域，来访者主要是艺术家和少量探险者。现在，那里成为了国内外游客的主要旅游目的地。1999 年，张家界国家森林公园已经被发展的压力所破坏，联合国教科文组织的世纪遗产状态调查代表被该公园的糟糕状况所震惊。从中国第七次森林清查数据转向省级数据，我们根据每公顷的旅游收入对所有省区进行分类，并绘制了累积公园面积和每公顷旅游收入对照图，如图 4.8。如图所示的两根垂直虚线，指示了 1989 年和 1999 年张家界国家森林公园每公顷的旅游收入。张家界国家森林公园在 1989 年面临的环境压力相对较低，到 1999 年环境压力就很大了。目前，几乎所有的公园土地，其单位面积的收入都要低于张家界国家森林公园 1989 年的收入水平。这个结果，与中国大部分地区旅游开发水平明显较低相一致。

为了估算供应量，我们假设张家界国家森林公园 1989 年每公顷的旅游收入可持续水平为 1 423 元/hm^2。将这一数据乘以全国公园总面积 9 650 万 hm^2（国家森林清查），就可以得到每年可以支持的休闲服务供给量为 1 370 亿元。这一数字大

① FAO Forestry Department 1998 *Global Fibre Supply Model*. FAO，Rome.

② L. Zhong，J. Deng，et al.，*Tourism development and the tourism area life-cycle model: A case study of Zhangjiajie National Forest Park，China*，Tourism Management，2008，29（5）：841-856.

③ S. Gao，S. Huang，et al.，*Rural tourism development in China*，International Journal of Tourism Research，2009，11（5）：439-450.

④ L. Zhong，J. Deng，et al.，*Tourism development and the tourism area life-cycle model: A case study of Zhangjiajie National Forest Park，China*. Tourism Management，2008，29（5）：841-856.

约是国家森林清查中国家森林公园年收入的 6 倍。因此，我们采用下列价值来估算生态系统的休闲服务：

- 高密度森林：1 423 元/hm^2

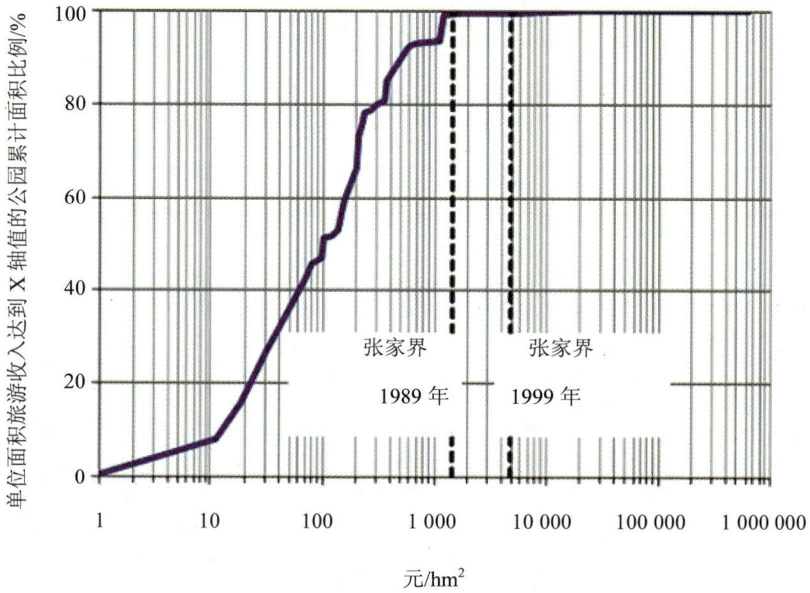

图 4.8　国家森林公园累计面积与平均每公顷的省级旅游收入

4.2.4 经济分析

土地覆被模式及其变化与生态系统服务估算的结合，为估算未来不同情景下的生态系统服务潜力提供了一种方法。这种方法也可以用来预测生态系统服务的未来需求。这些需求可以根据未来需求的主要驱动力的评估结果来估算。这些驱动力包括：人口增长（通过人口区际转移模式和自然增长速率）、城市化（与农村人口相比，城市人口对生态系统服务的需求有很大不同）和经济增长（GDP 增长以及主要部门产业的增长，比如工业、农业、旅游业）。这些反映了一个重要的分析结论：从使用某种服务产生某种数量的经济利益而言，情景分析没有反映如何提高生态系统服务使用效率。情景分析将把预测的未来需求模式与生态系统服务的可获得性联系起来，并在给定情景的假设条件下，确定未来生态系统服务供给与需求在哪些区域存在不可持续的压力或者可能的缺陷。这些不可持续的压力或缺陷将按照本书所关注的森林、草地和湿地三类主要生态系统的各种生态系统服务进行分类。

综观许多的政府部门规划，在区域规划和决策中，生态系统服务的货币化价值将有助于设置优先区域和进行决策选择。虽然，现在有大量的文献在讨论最佳的货币化价值估算方法。但是，原则上，这些方法并不能适用所有的生态系统物质产品（如木材和食物）和非物质服务（如水土保持、碳吸收、休闲等）。在情景分析中，开发了一些模型和方法，但是由于时间限制，我们无法基于经验数据进行全尺度分析。为了说明原则，我们采用了中国专业文献中报道的一些研究案例，以便为森林、草地和湿地生态系统服务的经济价值提供参考范围。

4.2.5 利益相关方咨询

利益相关方咨询是情景分析的重要组成部分。在情景分析前期，通过利益相关方咨询可以确定和理解中国国情和政策需求；在情景分析后期，利益相关方咨询可以检验分析结果是否具有政策关联性。在国家层面，利益相关方咨询专家与高层决策者之间关于国家政策的对话，来自农业部、环保部、国家林业局、国家发改委的决策者参与了咨询过程。同样，课题组还与国内外专家进行了咨询，以确定研究框架、研究方法和研究结果的有效性。在黄土高原的野外考察过程中，课题组还与地方政府、当地专家在延安开展了咨询活动。

4.2.6 数据描述

情景分析中所用的大部分数据来自中国科学院资源环境数据中心，包括中国土地利用变化遥感解译数据（1995 年，2000 年）和基于 GIS 的土地利用变化驱动力数据（多年平均），数据的空间分辨率都为 $1\times1\ km^2$。为了分析一些特别的功能，还使用了更早（1990 年）的遥感数据，根据本研究的实际需要并考虑到计算成本，本书将分辨率统一为 $2\times2\ km^2$。由于部分 GIS 数据无法获得，情景分析中还使用了《中国统计年鉴》中的统计数据。本书发现，数据的可获得性不仅是一个科研问题，还是一个政策问题。这个问题将在本书的后文进行讨论。表 4.1 是详细的数据列表。

表 4.1　数据列表及其描述

数据	描述
CLUE 模型输入数据	
中国土地利用变化遥感解译数据（1995，2000）	分辨率: 1×1 km^2 内容: 10 种土地利用类型 来源: 中国科学院资源环境数据中心
基于 GIS 的土地利用变化驱动因子数据（多年平均）	分辨率: 2×2 km^2 内容: 4 类 12 个土地利用驱动因子 来源: 中国科学院资源环境数据中心
估算生物物理功能所需的数据	
森林、草地和湿地的碳汇功能	分辨率: 1×1 km^2 内容: 中国年净初级生产力 NPP 来源: 中国科学院资源环境数据中心
森林休闲功能	内容: 省级森林公园的总收入、各省森林公园的旅客数 来源: 中国第七次森林清查数据（2008）
森林供给功能	内容: 各省木材和非木材产品（2007）、全国木材和非木材产品历史数据（1978—2007） 来源: 中国统计年鉴（2008）
草地供给功能	分辨率: 1×1 km^2 内容: 草地承载力（1994） 来源: 中国科学院资源环境数据中心
森林、草地和湿地的淡水可获得性	分辨率: 1×1 km^2 内容: 年均降水数据（1960—2000），1×1 km^2 来源: 中国科学院资源环境数据中心
统计数据	来源: 联合国粮农组织、世界银行、中国国家统计局

4.3 主要研究结果

本情景分析要回答在三种情景下所关注的三类生态系统将会发生什么变化、发生多大的变化以及哪里最可能发生变化。生态系统服务评估将分析这些变化对森林、草地和湿地所提供的生态系统服务产生何种影响。案例研究用于论证和支持生态系统服务评估和情景分析的结果，最后用于支撑政策建议。

4.3.1 基线：1995 年和 2000 年土地利用图

土地覆被遥感数据（1995 年和 2000 年）展示了土地利用变化趋势，以及中国森林、草地和湿地三类生态系统的基准状态。图 4.9 显示了中国土地利用变化的趋势，表 4.2 列出了 1995 年和 2000 年两期土地利用类型的计算面积。

由于低中密度森林面积减少了 5.6%，而高密度森林面积仅有 1.0%的增长，这使得森林面积总体上减少了 1.4%。湿地面积总体上略微减少了 0.4%，其中沼泽和泥炭地共减少了 1.6%，而水体面积略有增加。低密度草地面积减少了 35.9%，而高密度草地增加了 16.6%，这使得草地面积总体上相对稳定，仅有 0.5%的增长。

表 4.2　1995—2000 年中国土地覆被变化

三类生态系统	面积/km²		变化
	1995 年	2000 年	
森林	2 356 192	2 323 700	−1.4%
低密度森林和灌丛	896 596	849 440	−5.6%
高密度森林	1 459 596	1 474 260	1.0%
草地	2 977 660	2 992 988	0.5%
低密度草地	1 244 124	915 612	−35.9%
高密度草地	1 733 536	2 077 376	16.6%
湿地	228 812	227 796	−0.4%
河流和湖泊	116 032	116 820	0.7%
沼泽和泥炭地	112 780	110 976	−1.6%
建设用地	63 192	64 992	2.8%
耕地	1 800 836	1 856 740	3.0%
不可利用的未利用土地	955 584	969 188	1.4%
可利用的未利用土地	1 069 868	1 016 740	−5.2%

资料来源：1995 年，2000 年中国土地利用数据。

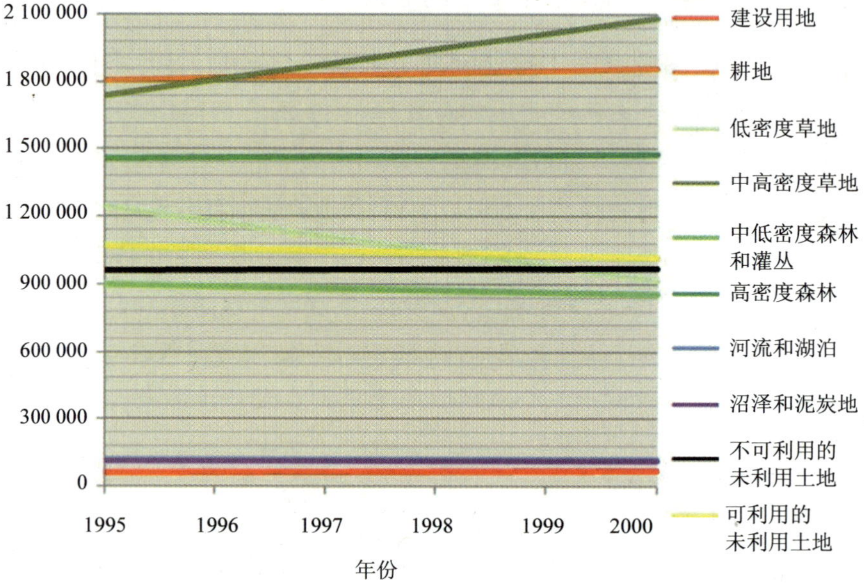

图 4.9 作为参考基准的 1995—2000 年土地利用状况

至于其他土地利用类型，从 1995 年到 2000 年五年间，建设用地和可耕地分别有 2.8%和 3.0%的增长。而在此期间，未利用土地面积减少了 5.2%，不可利用的土地增长了 1.4%。

如图 4.10 所示，耕地主要集中在东北区、中部温带湿润区、北亚热带湿润区、部分中亚热带湿润区。高密度森林主要分布在东北区、中亚热带湿润区、南亚热带湿润区和热带湿润区。草地和低密度森林或灌丛主要分布在青藏高原区、内蒙古和新疆西北部边远地区。此外，西北地区还有大面积的未利用土地，包括戈壁、年降水量低于或略高于 125mm 的不毛之地。一旦这些区域的生态系统退化或遭到破坏，恢复起来是非常困难的，要花费很长的时间和大量金钱。即使成功了，往往也得不偿失。为此，该区域不可利用的未利用土地的增加和可利用的未利用土地的减少是值得重点关注的。

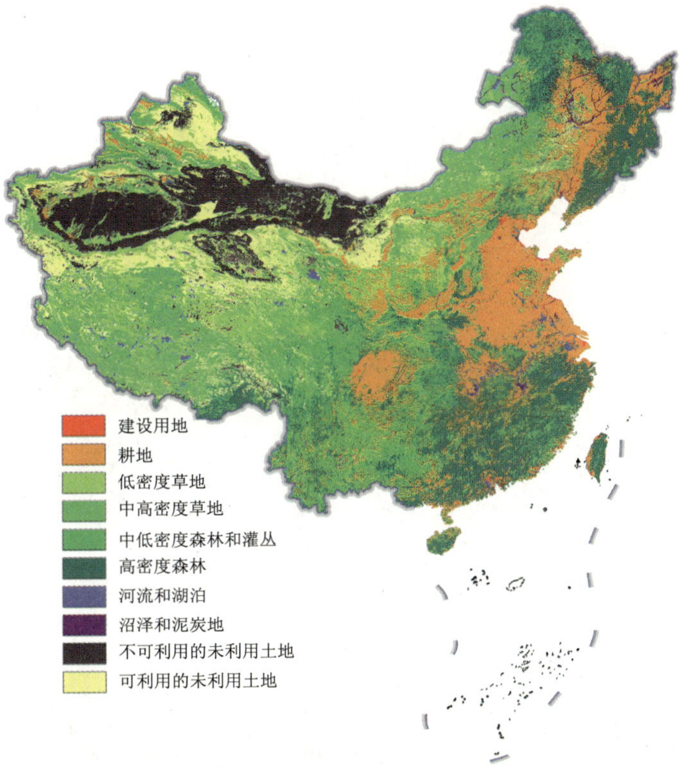

图 4.10 2000 年的土地利用图（作为基准）

不同土地利用类型的概率是通过 CLUE 模型模拟了地形、土壤、气候和社会经济 4 大类 13 个地域特征因子之间的相互作用而产生的每一栅格对不同土地利用类型分布的总概率。本章 4.2.1 部分描述了这些土地利用的驱动力。该模拟用如下统计模型生产了概率图：

$$\log\left(\frac{P_i}{1-P_i}\right)=\beta_0+\beta_1 X_{1,i}+\beta_2 X_{2,i}+\Lambda+\beta_n X_{n,i}$$

式中：P_i表示 i 位置单元格上某种土地利用类型变化的概率，X 表示地域特征因子。这种概率图展示了各种土地利用类型在 10 类生态区中的可能分布格局，换言之，即表示不同土地利用类型在各地的适宜性。基于这些土地利用概率，CLUE 预测了在不同情景下的哪些地方的土地利用类型将很可能发生何种变化。

东北区、北亚热带湿润区、中亚热带湿润区和南亚热带湿润区适宜于森林分布（图 4.11a），而西北区和青藏高原区适宜草地分布，同时低密度草地还有可能分布在东北部分地区，与森林共存（图 4.11b）。

湿地（河流和湖泊，沼泽和泥炭地）分布概率如图 4.11c 所示：

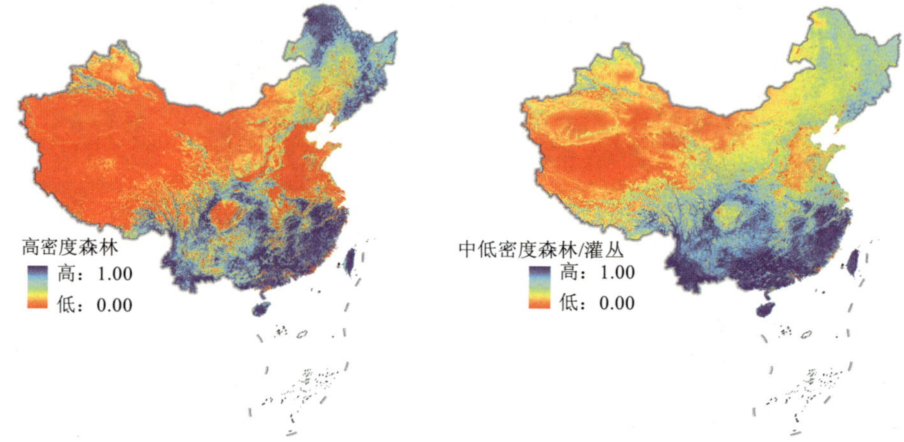

图 4.11a　森林分布概率图：高密度（左）和低密度森林和灌丛（右）

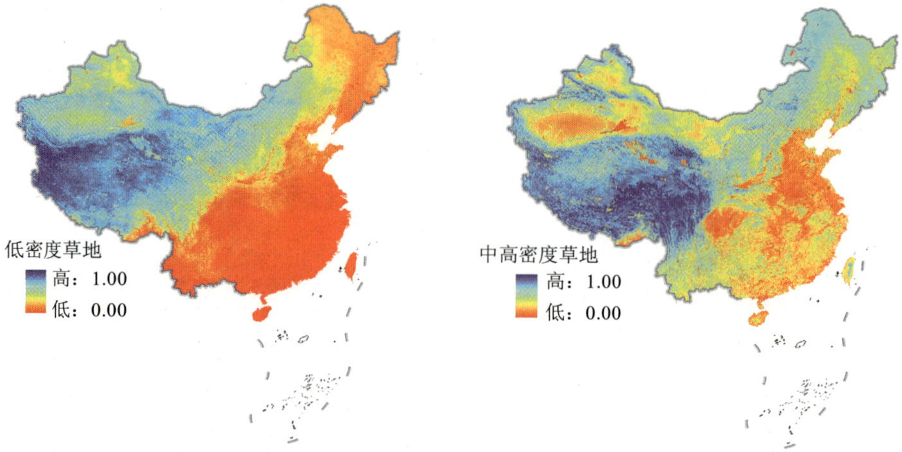

图 4.11b　草地分布概率图：低密度（左）和中高密度（右）

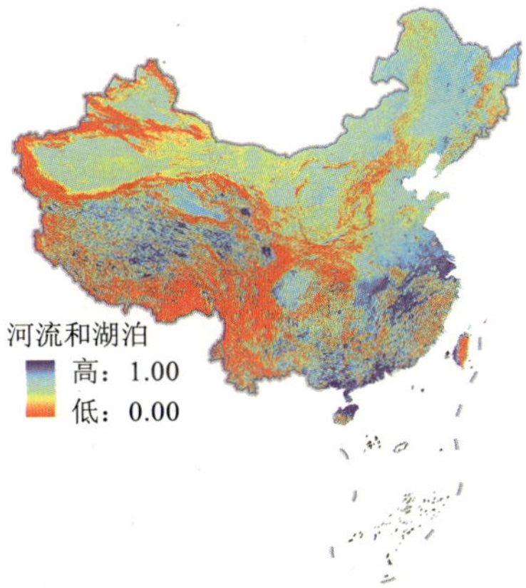

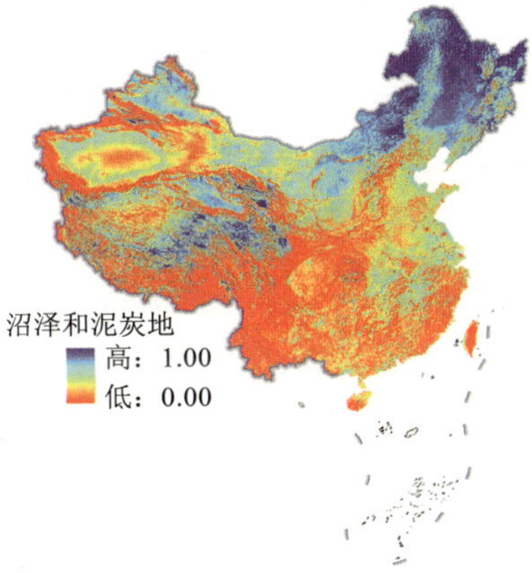

图 4.11c 湿地分布概率图：河流和湖泊（左）和沼泽和泥炭地（右）

4.3.2 未来情景："一切照常情景"和"规划情景"

"一切照常情景"（2000—2050）是依据 1995—2000 年期间的土地利用趋势来预测的。我们根据专家知识确定了 10 类土地利用类型的转换弹性，并结合 4 大类 13 个地域特征因子，模拟了"一切照常情景"和"规划情景"。

"规划情景"（2000—2050）是根据中国政府各部门所设定的目标来确定"土地利用需求"，包括：（1）到 2020 年全国森林覆盖率达到 32.5%，高密度森林从 2020 年的 23.4%增长到 2050 年的 28%①；（2）到 2010 年将有 7 150 km^2 的农田和草地恢复成湿地，到 2030 年全国湿地恢复计划完成时②，恢复的湿地面积将达 14 040 km^2；（3）到 2020 年草地退化趋势得到遏制③，将有 600 000 km^2 低密度草地恢复为高密度草地，新增草地面积 300 000 km^2。相关的土地利用限制政策包括：（1）2005 年后耕地总面积维持相对稳定④，2006 年面积为 1 217 800 km^2，2007 年面积为 1 217 400 km^2，2008 年面积为 1 217 200 km^2；（2）为了实现国家经济和社会发展目标，建设用地以同样的速率持续增长。10 类土地利用类型的转换弹性和 13 种地域因子与"一切照常情景"保持一致。不可利用土地面积假定为维持不变。

---

① 国家林业局，全国林地保护利用规划纲要（2010—2020 年）。

② 国家林业局，全国湿地保护工程规划（2002—2030 年）。

③ 农业部，中国草地保护与建设综合规划（2007—2020 年），2007 年 4 月。

④ 中国国土资源公报（2001—2009 年）。

（1）国家层面上的土地利用变化

充分考虑了地形、土壤、气候和社会经济（比如各部门的生态系统开发目标）等土地利用变化驱动因子的相互作用，CLUE 模型基于 1995—2000 年的土地利用变化趋势模拟了未来的土地利用。本次模拟构建了“一切照常情景”和“规划情景”，其不同之处如下：

首先，在“一切照常情景”中，所研究的三类生态系统（森林、草地和湿地）均呈减少趋势（如图 4.12 左图所示）。森林覆盖率将减少 13%，52%的灌丛或低密度森林将消失。草地面积将减少 13.4%。湿地面积将减少 3%，具有最高生态系统服务价值的沼泽地将减少 14.4%。例外的是，高密度森林相对于基准年而言将有 10%的增长。

与“一切照常情景”不同，“规划情景”下所关注的三类生态系统面积都会有所增加。到 2050 年，森林总面积将超过 300 万 km^2，比基准年增加了 30%；其中，高密度森林增长了 80%，低密度森林增长了 50%。到 2050 年，尽管草地总面积将保持不变，但是低密度草地将会下降 12.4%，高密度草地将增加 5.5%。河流和湖泊，沼泽和泥炭地得到了很好的保护，分别增加了 7%和 16%。

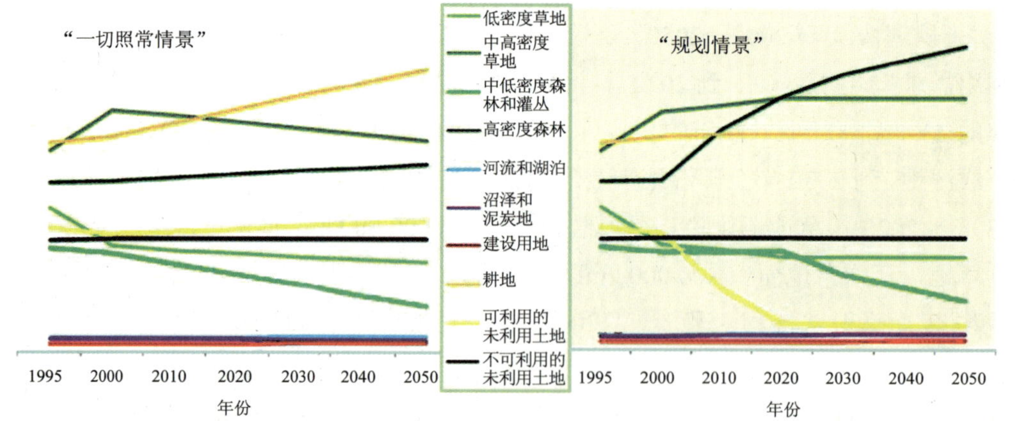

图 4.12 “一切照常情景”和“规划情景”的土地利用变化

其次，在“一切照常情景”中，到 2050 年，建设用地和耕地将分别有 22%和 31%的增长。在“规划情景”中，与“一切照常情景”相比，耕地面积将保持不变，而建设用地面积将增长28.5%，比“一切照常情景”增速要快。在“规划情景”中，未利用土地将急剧减少。而不可利用的土地面积，在两种情景中均保持不变。

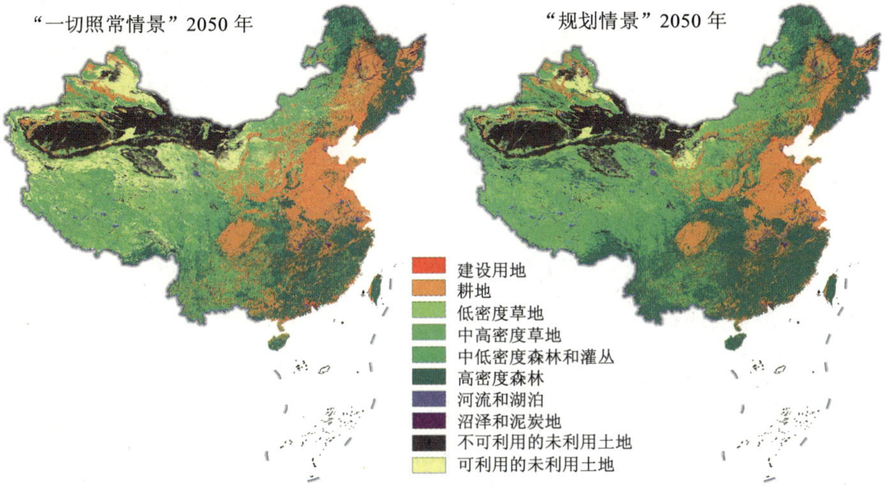

图 4.13 “一切照常情景”和“规划情景”下2050年土地利用图

图4.13和图4.14的对比显示了“一切照常情景”和“规划情景”下的土地利用变化趋势。这两种情景下，具体土地利用类型的面积变化见表4.3。

表 4.3 2005年“一切照常情景”和“规划情景”下土地利用变化统计比较

土地利用分类	基准年份/km²	一切照常情景（2050）		规划情景（2050）	
		面积/km²	变化率/%	面积/km²	变化率/%
低密度草地	915 612	778 184	−15.01%	801 878	−12.42%
中高密度草地	2 077 376	1 815 216	−12.62%	2 191 110	5.47%
中低密度森林和灌丛	849 440	403 068	−52.55%	425 346	−49.93%
高密度森林	1 474 260	1 622 496	10.05%	2 646 600	79.52%
河流和湖泊	116 820	124 988	6.99%	124 754	6.79%
沼泽和泥炭地	110 976	95 028	−14.37%	129 116	16.35%
建设用地	64 992	79 560	22.42%	83 505	28.48%
耕地	1 856 740	2 433 452	31.06%	1 876 868	1.08%

土地利用分类	基准年份/km²	一切照常情景（2050）		规划情景（2050）	
		面积/km²	变化率/%	面积/km²	变化率/%
可利用的未利用土地	1 016 740	1 130 964	11.23%	203 779	−79.96%
不可利用的未利用土地	969 188	969 188	0.00%	969 188	0.00%

注：基准年份为 2000 年。

（2）各生态区的土地利用变化

考虑到生态系统服务价值具有时空差异性，为此，了解哪些地方的生态系统发生了变化以及变化的程度是非常重要的。CLUE 模型模拟了 4 类 8 个地域特征（包括地形、土壤、气候和社会经济）的相互作用，得出了在这些驱动力的作用下土地利用变化模式的空间概率图。

（a）森林：在“一切照常情景”中，到 2050 年，除了热带湿润区外，所有生态区的森林面积都将比基准年份减少 20%。其中，西北区的森林面积最有可能减少，与基准年份的森林总面积相比，大约将减少 58%（73 756 km²）；中温带湿润区的森林也有可能减少 40%（45 688 km²）；北亚热带湿润区可能减少 23%。在“规划情景”中，到 2050 年，所有生态区的森林面积将增加 49%。其中，变化最大的区域可能是青藏高原区，相对于基准年份而言，森林面积将增加 182 000 km²；西北区的森林面积将增加 154 772 km²，仅次于青藏高原区；到 2050 年，全国森林覆盖率将达到 32.4%。表 4.4 的统计数据详细描述了两种情景下各生态区的森林分布情况，图 4.14 显示了各生态区的森林面积随时间的变化。

表 4.4　两种情景下各生态区的森林面积变化（与基准年份相比）

生态区	基准年份/km²	一切照常情景（2050）		规划情景（2050）	
		面积/km²	变化率/%	面积/km²	变化率/%
东北区	480 368	−19 912	−4%	19 732	4%
西北区	127 364	−73 756	−58%	154 772	122%
青藏高原区	144 508	−26 648	−18%	181 968	126%
中部温带湿润区	113 384	−45 688	−40%	31 956	28%
北亚热带湿润区	134 780	−30 532	−23%	48 244	36%
中亚热带湿润区	954 256	−71 496	−7%	219 100	23%
南亚热带湿润区	299 652	−29 596	−10%	62 500	21%
热带湿润区	63 208	468	1%	19 404	31%

注：基准年份为 2000 年。

如果地形、气候、土壤等因子不发生急剧变化，社会经济态势维持在 1995—2000 年间的水平，“规划情景”显示中亚热带区、青藏高原区和西北区的森林发展目标将容易实现。如果没有政策干预，西北区将可能经历最严重的森林退化。这表明，在所有生态区中，西北区应当更加重视森林的保护和恢复。在《全国林业发展规划（2003—2050）》中，对七大区域的林业发展进行了优先性排序。其优先次序是：东北区＞三北＞北方中部＞南方＞东南热带沿海地区＞西南干热河谷＞青藏高原区。比较而言，CLUE 模型的模拟结果更加注重战略层面的空间差异。

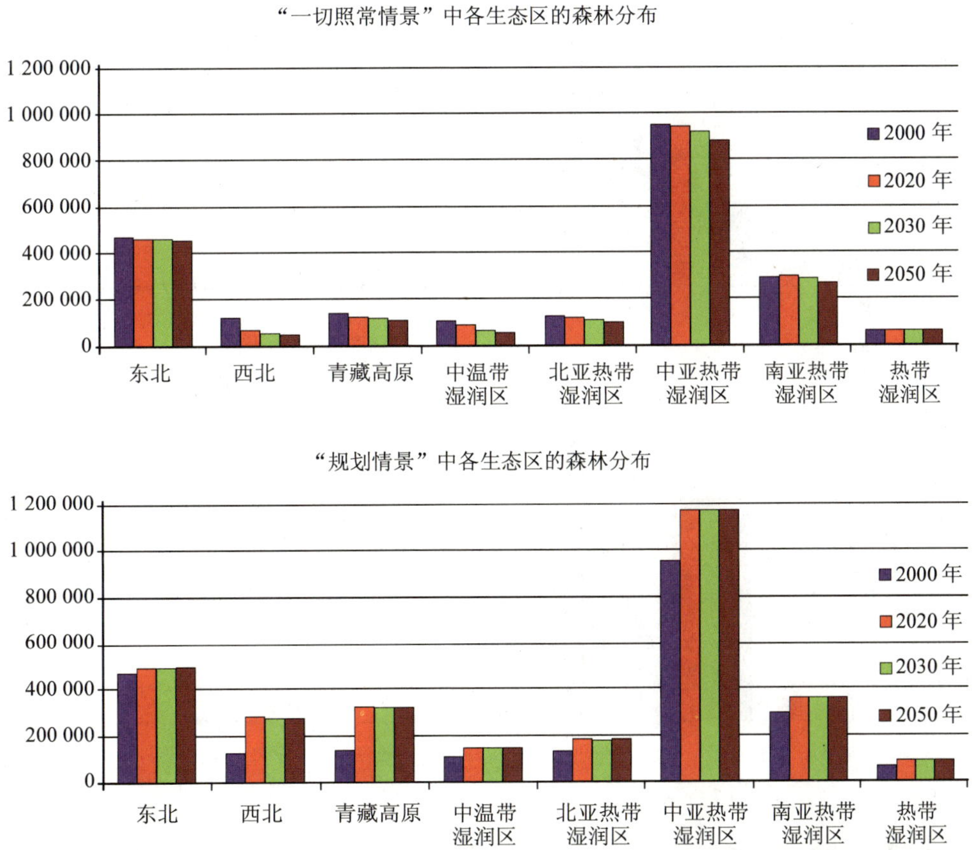

图 4.14　各生态区的森林分布

（b）草地：在没有政策干预的情况下，到 2050 年，草地面积将比基准年份减少 38%（图 4.15）。草地面积减少最大的地区可能是西北区，那里可能将有 168 600 km^2 的草地消失。其次，中温带湿润区的草地面积也将大幅减少，大约减少 71 400 km^2。中亚热带湿润区的草地可能减少 66 000 km^2，东北区的草地可能减少 50 700 km^2。“一切照常情景”下，草地面积可能增长的区域是青藏高原区，到 2050 年可能增加 12 500 km^2。

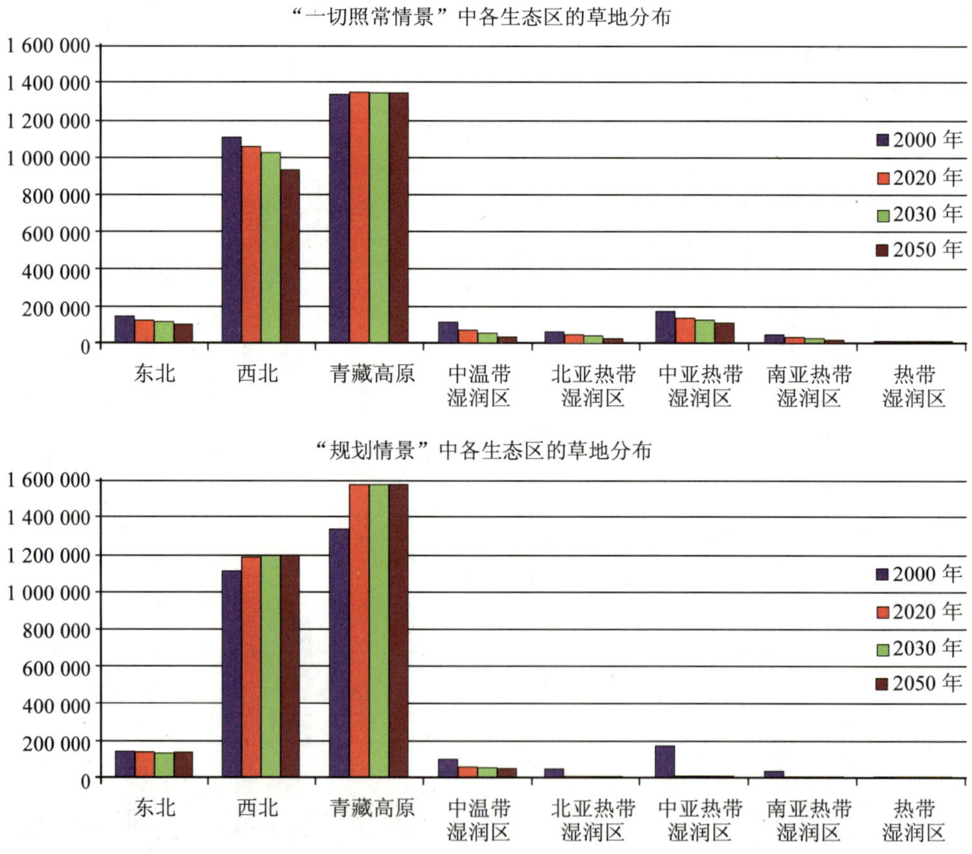

图 4.15　各生态区的草地分布

考虑到数据存在不一致的问题，在“规划情景”中，全国草地总面积设定为保持不变，草地只允许从低密度向高密度草地转变。CLUE 模型模拟的结果显示，与基准年份相比，到 2050 年，青藏高原区草地面积将增加 231 424 km^2，西北区草地面积将增加 84 400 km^2。同时，草地面积在其他生态区具有不同程度的减少。其中，中亚热带湿润区和中温带湿润区的草地面积减少得最多；西北区的草地略有减少。换言之，CLUE 模型模拟结果显示，青藏高原区和西北区在今后的四十年里将比其他生态区更有可能扩大草地面积。表 4.5 显示了来自 CLUE 模型的统计数据，详细描述了两种情景下各生态区的草地分布情况。

表 4.5 两种情景下各生态区的草地面积变化（与基准年份相比）

生态区	基准年份/km^2	一切照常情景（2050）		规划情景（2050）	
		面积/km^2	变化率/%	面积/km^2	变化率/%
东北区	149 220	−50 656	−34%	−8 928	−6%
西北区	1 107 512	−168 620	−15%	84 408	8%
青藏高原	1 336 640	12 544	1%	231 424	17%
中部温带湿润区	104 812	−71 380	−68%	−47 824	−46%
北亚热带湿润区	57 080	−23 816	−42%	−44 248	−78%
中亚热带湿润区	175 088	−66 052	−38%	−155 484	−89%
南亚热带湿润区	45 596	−26 104	−57%	−45 464	−100%
热带湿润区	10 332	−4904	−47%	−10 332	−100%

注：基准年份为 2000 年。

除了西北区和青藏高原区外，《中国草地保护与建设规划（2007—2020）》还制定了北部湿润和半湿润区、南方地区的草地扩张规划。但是，CLUE 模型的模拟结果表明，这些区域草地面积增加的可能性很小。

（c）湿地：图 4.16 显示了湿地面积的变化。基准年份湿地面积为 225 220 km^2，如果维持目前的变化趋势，“在一切照常情景”下，2000—2050 年期间湿地面积将减少 8 000 km^2。其中，西北区湿地面积将可能减少 4 100 km^2，中温带湿润区湿地面积将可能减少 3 600 km^2，中亚热带湿润区湿地面积将可能减少 2 600 km^2，东北区湿地面积将可能减少 1 000 km^2。中亚热带湿润区和热带湿润区的湿地将可能经历略微的增加，而青藏高原区湿地将可能保持不变。

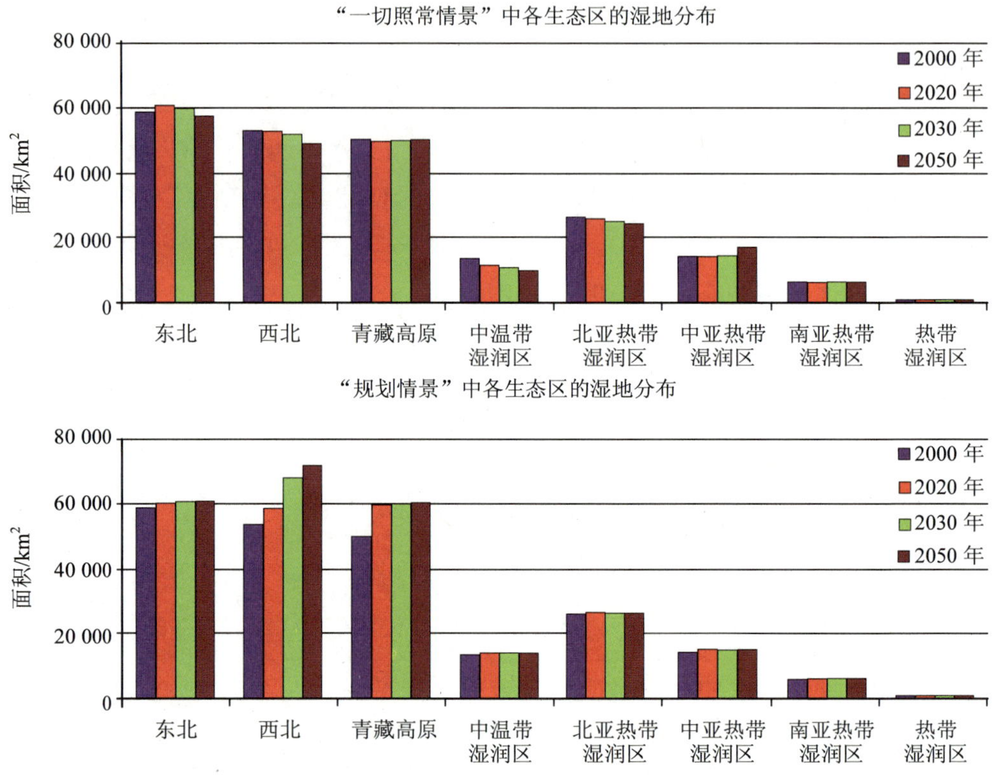

图 4.16　各生态区的湿地分布

在“规划情景”中，2000—2050 年期间，湿地面积将增加 32 500 km^2（14.4%）。模拟结果显示：西北区将可能增加 19 000 km^2 湿地，青藏高原区将可能增加 10 000 km^2 湿地，东北区将可能增加 2 100 km^2 湿地，其他生态区湿地面积的增长幅度非常小。表 4.6 显示了来自 CLUE 模型的统计数据，详细描述了各生态区的湿地分布情况。总之，CLUE 模型结果强调三个生态区最有可能增加湿地面积。

但是，《全国湿地保护工程规划》瞄准了中国大部分区域，包括东北、黄河中下游、长江中下游、沿海地区、东南地区、南方地区、云贵高原西部和青藏高原区。CLUE 模型基于 13 个自然、物理和社会经济变量，模拟了未来湿地变化的另一种区域情景。

表 4.6 两种情景下各生态区的湿地面积变化（与基准年份相比）

生态区	基准年份/km^2	一切照常情景（2050）		规划情景（2050）	
		面积/km^2	变化率/%	面积/km^2	变化率/%
东北区	59 000	−1 028	−2%	2 128	4%
西北区	53 592	−4 108	−8%	18 836	35%
青藏高原区	50 464	36	0%	10 068	20%
中部温带湿润区	13 724	−3 552	−26%	84	1%
北亚热带湿润区	26 368	−1 804	−7%	492	2%
中亚热带湿润区	14 656	2 596	18%	444	3%
南亚热带湿润区	6 196	−24	0%	280	5%
热带湿润区	1 220	156	13%	172	14%

注：基准年份为 2000 年。

4.3.3 生态系统服务优化——“优化情景”

如前文所述，CLUE 是一个基于地理学的分析工具，它能够捕获生态系统及其服务的空间特征，但是它有一个典型的缺陷是未能与经济利益和政策限制相联系[①,②]。为了优化生态系统服务，我们向决策者提出了“优化情景”，该情景综合了研究案例的结果，是在政策咨询结果的基础上开发出来的。

（1）森林退化与造林问题

中国政府已经投资 1 918 亿元人民币[③]用于森林恢复，造林面积高达 6 000 万 hm^2，占全球造林总量的 38%。据第七次全国森林清查（2004—2008 年）资料，尽管有政策限制，经济开发依然导致森林破坏[④]。新增的森林面积中大约 90%是人工林，而天然林面积依然逐年减少（图 4.17）。

① D. M. Theobald，Landscape patterns of exurban growth in the USA from 1980 to 2020. *Ecology and Society*，2005，10（1）：32.

② Theobald，D. M.. Landscape patterns of exurban growth in the USA from 1980 to 2020. *Ecology and Society*，2005，10（1）：32.

③ 李育材. 退耕还林工程是中国生态文明建设的伟大实践——全国退耕还林工程建设十周年总结. 林业建设，2009，5：3-13.

④ 国家林业局（2009），第七次全国森林清查数据.

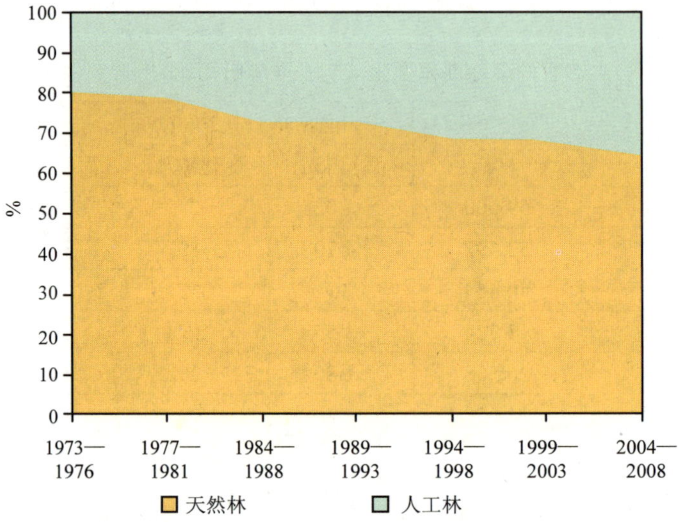

图 4.17　森林构成的变化：天然林与人工林

（2）生态区划

“一切照常情景”和“规划情景”都强调：如果没有政策干预，西北区和青藏高原区的草地和森林比其他生态区更容易发生退化；而且一旦生态系统发生退化，其恢复的难度也比其他生态区更大。因此，防治生态系统退化与恢复生态系统一样重要。

（3）规划的不一致性

基于部门的发展规划之间存在着很多矛盾之处，这也会影响 CLUE 模型的模拟结果。重复计算或不充分的数据统计系统可能是造成这一问题的原因。这也反映了中国政府各部门在规划制定过程中缺乏足够的沟通。规划的不一致性给 CLUE 模型带来了技术性难题：各部门制定的规划目标总和超过了中国的国土总面积，也就是说，有些土地被重复规划为森林、草地或湿地。

（4）数据的不一致性

统计数据与遥感数据之间的差异非常之大。除了未利用地或不可利用地有 2% 的偏差外，其他土地利用类型面积都有非常大的偏差。即使考虑到遥感图像解译的合理信息损失（空间分辨率为 2 km×2 km 的遥感数据其信息损失为 10%～15%），这种差异也无法忽略不计（图 4.18）。考虑到生态系统服务的时空特征，使用遥感数据进行分析是理性的选择。由于定义“规划情景”的发展规划的制定都是基于统计数据的，为此，在这里讨论数据问题是具有重要的政策意义的。

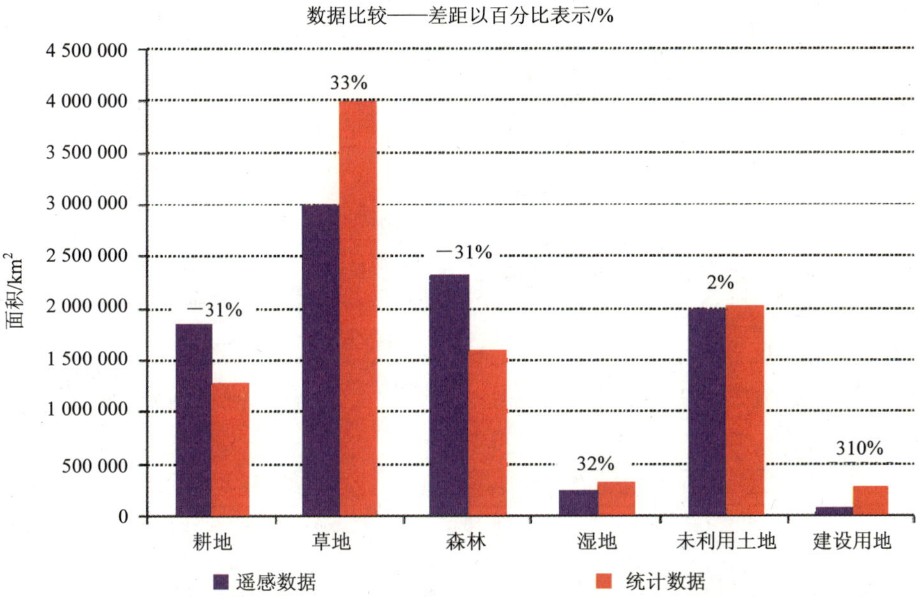

图 4.18 统计数据与遥感数据的比较

（5）情景设置

为了解决上述问题，通过咨询专家与决策者后，“优化情景”将做如下调整：

- 不能将自然生态系统转化为人工生态系统，即不能将天然林改为人工林；
- 森林和草地的类型转换是单一的方向：从低密度向高密度转变；
- 到 2050 年森林覆盖率将达到 28%。

（6）模拟结果

在全国尺度上，与“一切照常情景”和“规划情景”相比，“优化情景”（用带箭头的虚线表示）远比“一切照常情景”好（图 4.19）。首先，“优化情景”通过生态建设改善了土地利用结构，尽管改善的范围还不大。这反映出：（1）在“优化情景”中，到 2050 年，将有 44%的未利用土地将转化为其他土地类型，而在“规划情景”中这一数字高达 80%；（2）“优化情景”中的建设用地要比“规划情景”低 2%；（3）耕地面积无明显差别。其次，由于“优化情景”对生态系统退化做了限制，到 2050 年，草地和湿地面积都比“规划情景”要多。

森林的模拟结果比较复杂。到 2050 年，“优化情景”中低密度森林面积比“规划情景”多 24%，而高密度森林面积要比“规划情景”少 20%。

三种情景的土地利用变化趋势如图 4.19 所示，各土地利用类型的面积见表 4.7，三种情景模拟结果的比较见图 4.20。

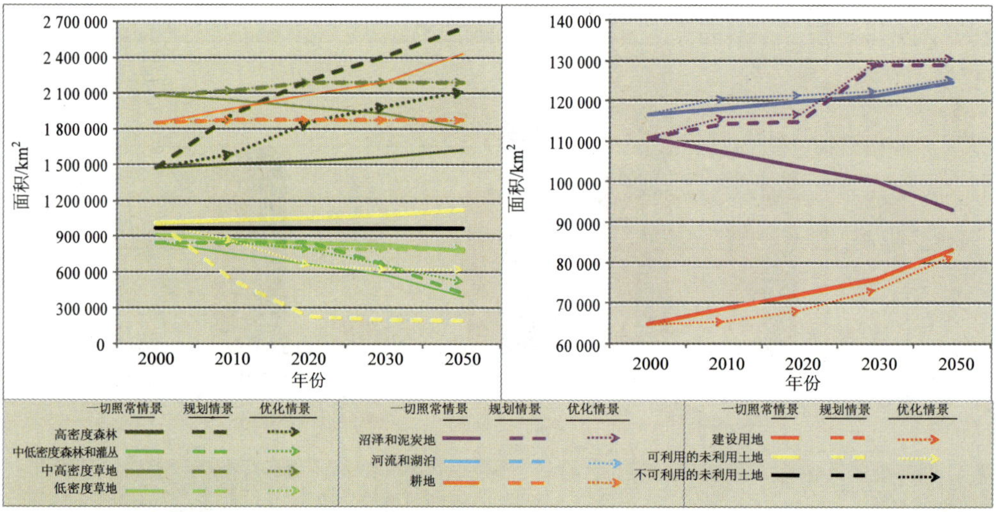

图 4.19 三种情景下的土地利用变化

表 4.7 三种情景比较（2050） 单位：km²

土地利用类型	一切照常情景	规划情景	优化情景
建设用地	83 505	83 505	81 916
耕地	2 433 134	1 876 868	1 875 556
低密度草地	777 815	801 878	802 880
中高密度草地	1 814 903	2 191 110	2 191 832
中低密度森林和灌丛	402 681	425 346	528 428
高密度森林	1 622 373	2 646 600	2 116 080
河流和湖泊	124 754	124 754	125 616
沼泽和泥炭地	93 225	129 116	130 816
不可利用的未利用土地	969 188	969 188	969 188
可利用的未利用土地	1 130 566	203 779	629 832

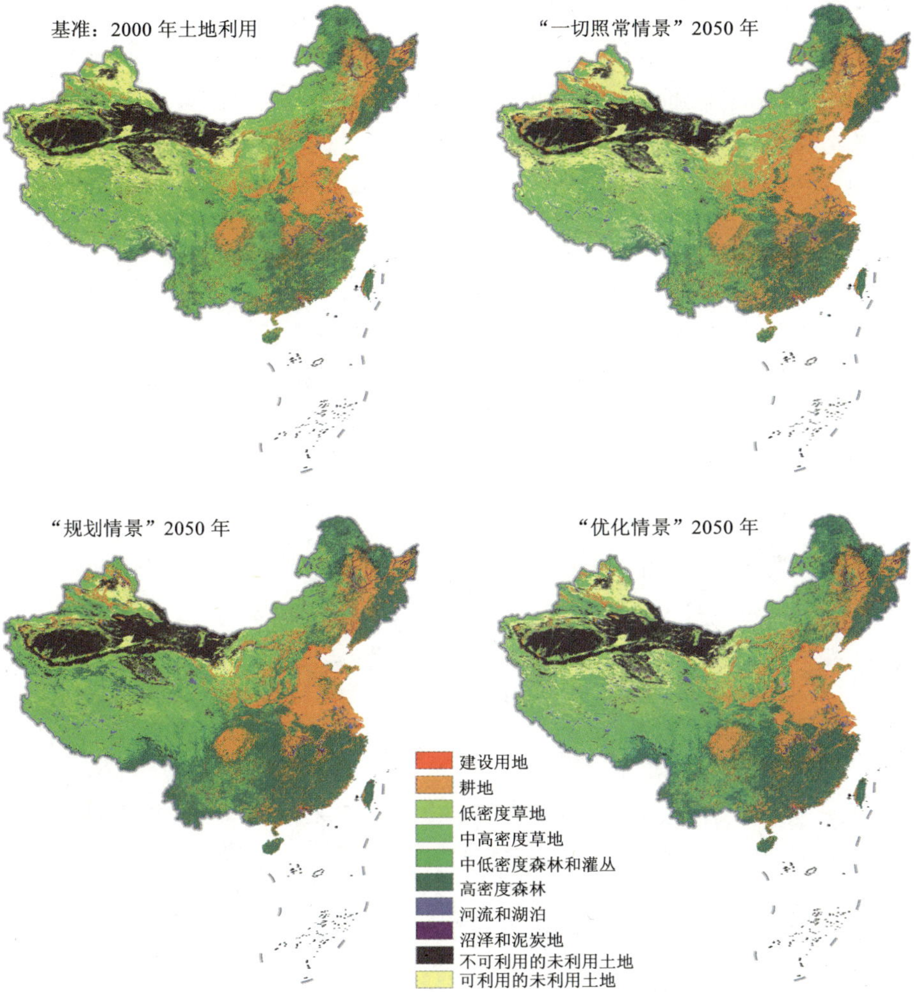

图 4.20　三种情景的土地利用

尽管“优化情景”设置了不允许土地退化，综合结果（改善了土地利用结构被高密度森林的减少抵消）意味着在未利用地和森林变化的原因方面还需要进一步研究。

4.3.4 生态系统服务（ESS）评估

（1）确定当前土地覆被的平均物种丰富度（MSA）的数值

为了实现中国的可持续发展，我们采用了 GLOBIO 框架来进行生态系统服务评估，重点是以土地利用变化作为生物多样性的主要驱动力。本研究所采用的土地利用/覆被分类系统包含的土地利用强度的信息非常有限。此外，本研究所采用的土地利用分类是一个不同土地利用强度的混合体，比如在边远地区，低密度草地被视为稀树草原的一种天然状态，而在其他地区低密度草地可能被当做过度放牧的结果。类似地，在边远地区，灌丛和低密度森林也可能被当做一种天然状态，而在其他地区它们则被当做是森林过度采伐的结果。从另一方面讲，高密度森林可能被当做未受干扰的原始森林，也可能被当做是单一种植的人工林（如桉树和松树）。

在 GLOBIO 框架中，采用专家知识根据土地利用强度及其生物多样性价值对本研究中不同土地利用类型的平均物种丰富度（MSA）进行赋值（见表 4.8）。

表 4.8　2000 年的土地利用类型及其估算的平均物种丰富度（MSA）

土地利用类型	MSA	理由与假设
建设用地	0.05	与 GLOBIO 框架中的取值一致。
耕地	0.2	取粗放农业和集约农业的平均值。
低密度草地	0.35	假定主要是过度放牧的退化草地。但是，在西北地区，低密度草地可能代表一种天然状态。
高密度草地	0.7	高密度草地假定是粗放放牧的、或多或少具有一些天然草地特征的草地。但是，在一些地方高密度草地还可能是森林的砍伐迹地。
灌丛/低密度森林	0.5	在大多数情况下，假设它们主要用于木材和 NTFP 开采。因此，在 GLOBIO 框架中这些森林被当作是次生林。
高密度森林	0.8	大部分是受到很少干扰的天然林。在一些情况下，该类森林也包括种植园。由于种植园的大范围发展始于 20 世纪 90 年代末，所以在 2000 年种植园在森林中所占的比例不会很大。
河流与湖泊	0.7	假设它们包含很高的原始生物多样性，但是它们正遭受污染和建坝的威胁。
沼泽与泥炭地	0.85	该类又分为沼泽地和泥炭地两种，它们都被视为天然系统，否则它们将可能被转化为其他土地覆被类型。
其他	1.0	相对而言，该类型的大部分区域都是天然状态。

（2）平均物种丰富度（MSA）变化矩阵

为了评估以 2000 年作为基准年的土地利用变化，我们根据 GLOBIO 框架来进一步确定土地利用类型转换。例如，如果草地或耕地转变成了森林，这种森林被假定为人工林。如果是高密度天然草地转变成了森林，那么这种转变将会使得草地物种消失和平均物种丰富度下降。表 4.9 展示了情景分析中各种土地覆被转化组合的平均物种丰富度值。未利用土地包括沙漠、干旱灌丛、山区灌丛-草地群落。在自然条件下，那里是低密度草地和灌丛。从未利用地转变为低密度草地或者低密度灌丛将对生物多样性产生中度干扰，而转化为高密度草地将被认为是高度管理的系统。未利用地转化为水体被认为是完全的人工化了。

表 4.9　情景分析中各种土地覆被转化组合的平均物种丰富度（MSA）

土地利用类型	建设用地	耕地	低密度草地	中高密度草地	中低密度森林和灌丛	高密度森林	河流和湖泊	沼泽和泥炭地	不可利用的未利用土地	可利用的未利用土地
建设用地	0.05	0.2	0.1	0.1	0.5	0.5	0.5	0.5	0.5	0.5
耕地	0.05	0.2	0.35	0.5	0.5	0.5	0.3	0.5	0.5	0.5
低密度草地	0.05	0.2	0.35	0.7	0.2	0.2	0.1	0.35	0.1	0.1
中高密度草地	0.05	0.2	0.35	0.7	0.2	0.2	0.1	0.35	0.1	0.1
中低密度森林和灌丛	0.05	0.2	0.2	0.2	0.5	0.8	0.1	0.35	0.1	0.1
高密度森林	0.05	0.2	0.2	0.2	0.5	0.8	0.1	0.35	0.1	0.1
河流和湖泊	0.05	0.05	0.05	0.05	0.05	0.05	0.7	0.7	0.1	0.1
沼泽和泥炭地	0.05	0.1	0.1	0.1	0.1	0.1	0.3	0.85	0.1	0.1
不可利用的未利用土地	0.05	0.2	0.4	0.2	0.4	0.2	0.1	0.2	1	1
可利用的未利用土地	0.05	0.2	0.4	0.2	0.4	0.2	0.1	0.2	1	1

（3）土地利用类型提供生态系统服务的能力

为了评估各种土地利用类型提供生态系统服务（包括供给服务、调节服务与休闲服务）的相对能力，本研究采用了平均物种丰富度的相对数值来进行生态系统服务评估①，当前各种土地覆被类型的平均物种丰富度取值见表 4.10。

① L. Braat & B. ten Brink 2008. *The cost of policy inaction，the case of not meeting the 2010 biodiversity target.* Alterra，Wageningen UR，the Netherlands.

表 4.10 不同土地利用类型提供三种生态系统服务的能力

土地覆被类型	供给服务	调节服务	休闲服务
建设用地	0.1	0.05	0.4
耕地	0.9	0.2	0.35
低密度草地	0.8	0.4	0.2
中高密度草地	0.6	0.7	0.4
中低密度森林和灌丛	0.5	0.7	0.5
高密度森林	0.7	0.8	0.7
河流和湖泊	0.5	0.6	0.8
沼泽和泥炭地	0.5	0.9	0.6
其他	0.05	0.05	0.05

（4）情景评估

在“一切照常情景”、“规划情景”和“优化情景”中，每个时间步长的平均影响，用该区域栅格数乘以与土地利用变化相关的平均物种丰富度值（表 4.11）来评估，或者用新的土地利用类型提供生态系统服务的相对能力（表 4.10）来衡量。这二者都需要除以中国的总面积。

表 4.11 用土地利用面积校正的平均物种丰富度和相对能力来进行中国的生态系统服务评估

不同情景		平均物种丰富度	提供供给服务的总能力（2000=1）	提供调节服务的总能力（2000=1）	提供休闲服务的总能力（2000=1）
基线	2000	0.53	1	1	1
一切照常情景	2010	0.52	1.005	0.986	0.995
	2020	0.52	1.01	0.971	0.988
	2030	0.52	1.015	0.955	0.982
	2050	0.51	1.026	0.924	0.968
规划情景	2010	0.53	1.057	1.086	1.063
	2020	0.57	1.092	1.145	1.108
	2030	0.6	1.1	1.151	1.115
	2050	0.6	1.11	1.158	1.123

不同情景		平均物种丰富度	提供供给服务的总能力（2000=1）	提供调节服务的总能力（2000=1）	提供休闲服务的总能力（2000=1）
优化情景	2010	0.61	1.017	1.027	1.023
	2020	0.61	1.042	1.07	1.057
	2030	0.62	1.048	1.076	1.063
	2050	0.63	1.053	1.079	1.068

从2000年到2050年间，平均物种丰富度在“一切照常情景”中降低，而在“规划情景”和“优化情景”中都增加。在“一切照常情景”中，平均物种丰富度减少是沼泽、泥炭地、湖泊、高密度草地转化为耕地的结果。如果是湿地或草地转变成森林，这种森林一般被认为是人工林，其平均物种丰富度数值是比较低的。如果是湿地和高密度草地转换成了森林，那么平均物种丰富度就是从高变低。在“规划情景”和“优化情景”中，平均物种丰富度数值MSA都比基准年份2000年略有增加。在“优化情景”中，这种增加更为明显，其原因是在西北地区未利用的干旱灌丛没有转化为人工林。“规划情景”中森林面积的增加也是导致其服务功能比“优化情景”强的原因（图4.21a）。

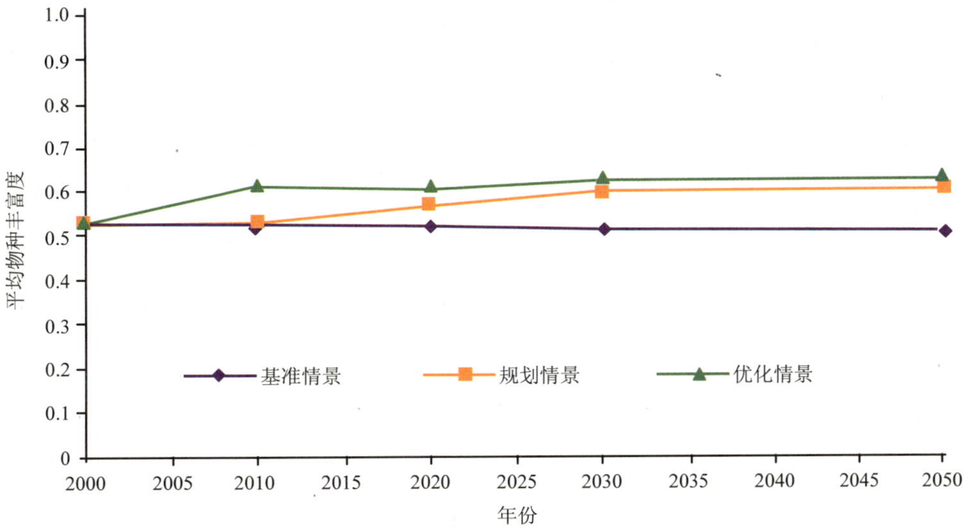

图4.21a 三种情景中土地利用变化导致的MSA变化

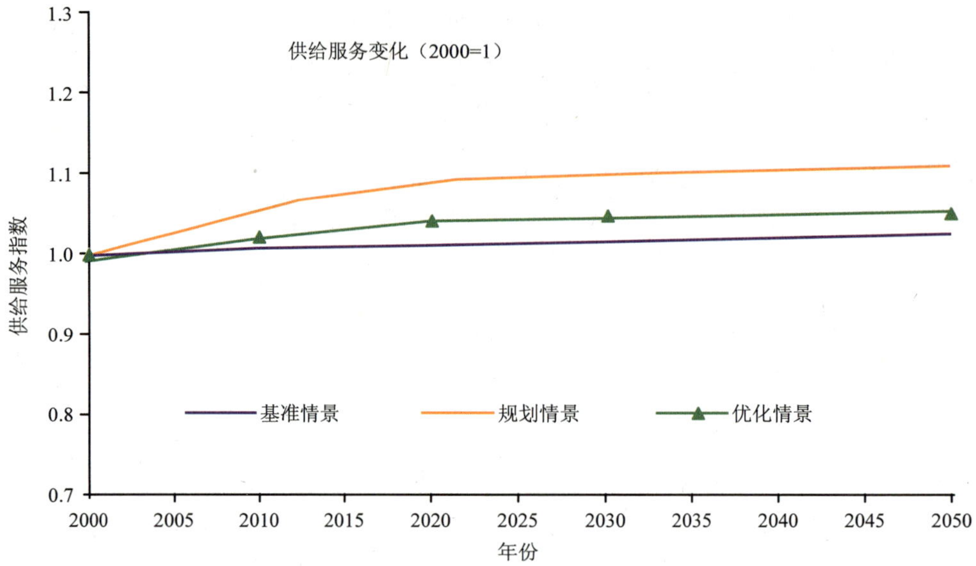

图 4.21b　三种情景下的中国供给服务的变化趋势

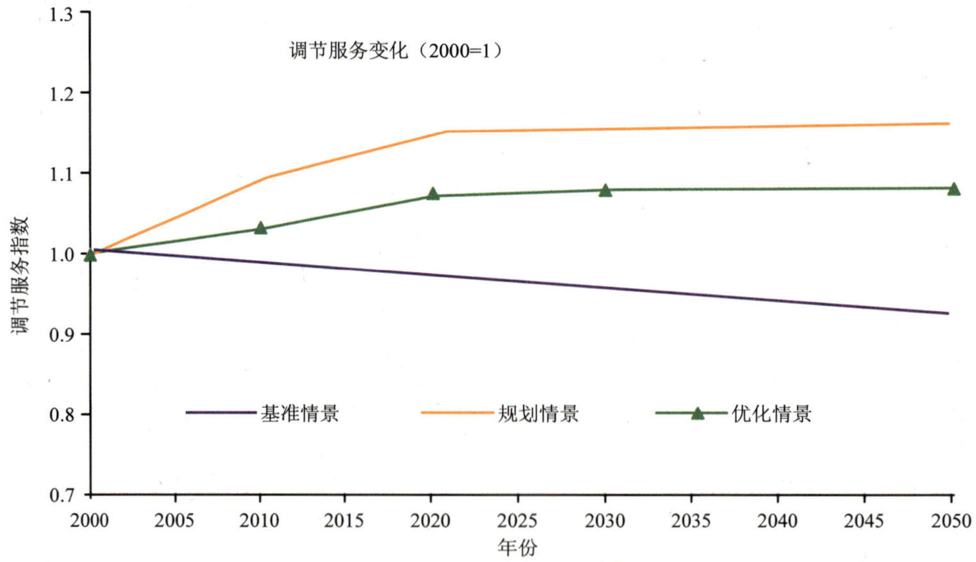

图 4.21c　三种情景下的中国调节服务的变化趋势

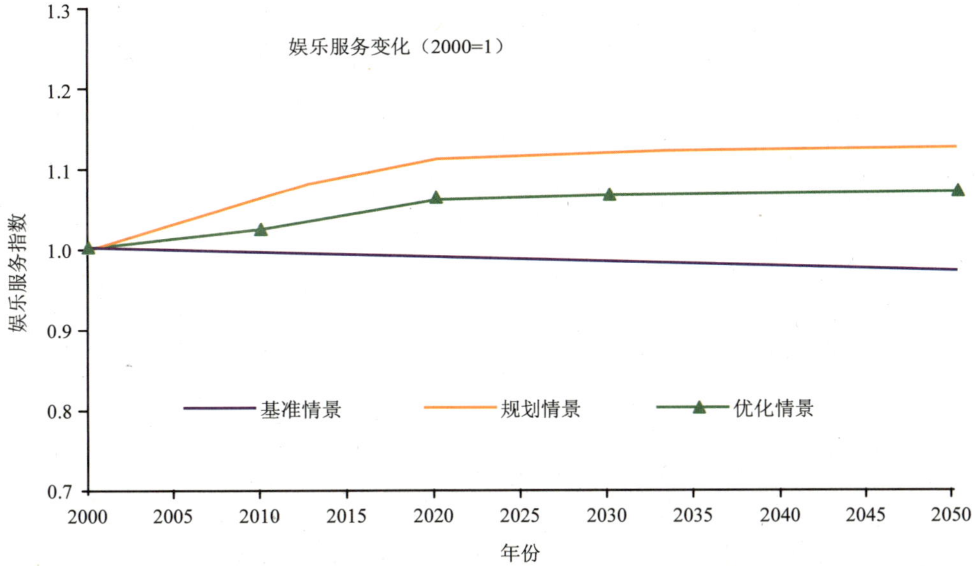

图 4.21d　三种情景下的中国休闲服务的变化趋势

就全国而言，“一切照常情景”中预测的土地利用变化显示，随着时间的推移，生态系统的供给服务在加强（图 4.21b），调节服务和休闲服务在降低（图 4.21c 和图 4.21d）；而在“规划情景”和“优化情景”中这三类生态系统服务都将增强（表 4.11）。

不同土地利用类型提供生态系统服务能力的相对变化百分比（%）与各种土地利用类型面积变化的模式基本一致。这是由于每种土地利用类型的相对能力没有变化，只是该类土地利用类型的面积发生了变化。

4.3.5 需求预测与生态系统服务估价

（1）需求预测

我们可以根据未来人口和经济发展预测来推断未来生态系统服务需求动态。随着城市化进程的继续推进，我国人口将在 2030 年到 2040 年间达到最高峰（表 4.12a）。随着未来几十年 GDP 增长率的下降（表 4.12b），生态系统服务需求增长速度将可能变缓。这样，我们有机会协调好生态系统服务的供需关系。从生态系统服务的角度看，随着第三产业成为主要经济增长点（表 4.12c），人们对高质量食品和水的需求将增加，对环境质量和户外休闲的要求也将增加。

表 4.12a 2000—2050 年中国人口指标预测

指标	2005	2010	2020	2030	2040	2050
总量/10^6 人	1 308	1 360	1 440	1 470	1 470	1 460
城市化/%	43	49	63	70	74	79
城市人口/10^6 人	562	666	907	1029	1088	1138
农村人口/10^6 人	745	694	533	441	382	302

表 4.12b 中国 GDP 增长率　　单位：%

各产业 GDP 指标	2005—2010	2010—2020	2020—2030	2030—2040	2040—2050
总量	9.67	8.38	7.11	4.98	3.6
第一产业	5.15	4.23	2.37	1.66	1.16
第二产业	10.32	8.27	6.39	3.8	2.46
第三产业	10.17	9.35	8.39	6.19	4.48

表 4.12c 中国 GDP 结构　　单位：%

各产业 GDP 结构	2005	2010	2020	2030	2040	2050
第一产业	12.4	10.1	6.8	4.3	3.1	2.5
第二产业	47.8	49.2	48.7	45.5	40.6	36.4
第三产业	39.8	40.8	44.5	50.2	56.2	61.2

资料来源：Jiang，Hu et al.（2008）[①]。

（2）生态系统服务估价

为了阐明生态系统服务价值评估对科学决策的潜在作用，我们以中国深圳市为

① K. Jiang，X. Hu，et al.，. *China's energy demand and greenhouse gas emission scenarios in* 2050，Advances in Climate Change Research，2008，4（5）：296-302.

例进行剖析。为了便于与全球尺度的数据进行比较①，Li（2010）②等人对深圳市的数据进行了相应的处理，详见表 4.13。本研究估算了温带森林、草地和湿地生态系统的部分生态系统服务价值。这些生态系统服务的总经济价值表明，每公顷湿地生态系统的价值是森林的三倍，而每公顷森林的价值是草地的三倍多。但是，草地的食物供给价值是森林的三倍。这表明在景观尺度上，维持生态系统的多样性可以最大限度地提高生态系统服务的供给量。

表 4.13　中国天然生态系统的服务价值估算

生态系统服务评估项目	根据服务价值调整后的 GDP/（元/hm^2）		
	温带森林	草地	湿地
1. 食物	414	1 233	1 233
1. 原材料	10 727	202	285
1. 水供给	13 202	3 303	63 931
2. 生物多样性保护	13 450	4 499	10 313
2. 气候调节	11 132	3 708	70 527
2. 气体调节	14 435	3 303	7 424
2. 废物处理	5 400	5 400	74 980
3. 休闲与文化	5 281	166	22 890
4. 土壤形成和保持	16 082	8 041	7 056
各项服务的总价值	90 123	29 863	258 649

1＝ 供给服务；2＝ 调解服务；3＝ 文化/休闲服务；4= 支持服务。

资料来源：Chinese data adapted by Ten Brink et al.（2009）②，按 1 欧元=9.20 元的汇率将原文献的货币单位换算成人民币。

对所有生态系统而言，尤其是湿地生态系统，气候调节是非常重要的。湿地的固碳价值非常高，其重要性与淡水供给和废物处理一样高。维持生活质量是发达国家的基本目标，水供给和废物处理是实现这一目标的重要方面。

① J. R. Alkemade，M. van Oorschot，et al.，GLOBIO3：*A framework to investigate options for reducing global terrestrial biodiversity loss*. Ecosystems，2009，12（3）：374-390.

② T. H. Li，W. K. Li et al.，Variations in ecosystem service value in response to land use changes in Shenzhen，*Ecological Economics*，2010，69（7）：1427-1435.

（3）生态系统服务供给

我们比较了特定生态系统供给服务（如草地的承载力和森林的增长量）和休闲服务（如森林旅游）的国内潜在供应量与预测的需求量。中国是一个快速发展的国家，在2000年至2050年期间，供给服务在所有生态系统服务中所占的比重呈下降趋势（图4.22、图4.23和图4.24）。尤其令人吃惊的是，由于城市建设对森林的侵占和日益增长的用纸需求，森林的增长量相对于需求量而言也呈下降趋势（图4.23）。

对于生态系统服务评估而言，“规划情景”要比“优化情景”好。原因在于“规划情景”的森林发展目标将所有的宜林地都视为有林地。因此，“一切照常情景”和“优化情景”最能反映真相的差别在于“优化情景”所设定的28%的森林覆盖率目标没有将宜林地包括在内。每一种具体的供给服务和休闲服务的估计量，都是“优化情景”大于“一切照常情景”。这支持了本研究的最后结论，即通过一个符合实际的、前后一致的土地利用规划可以实现改善中国生态系统服务的目标。

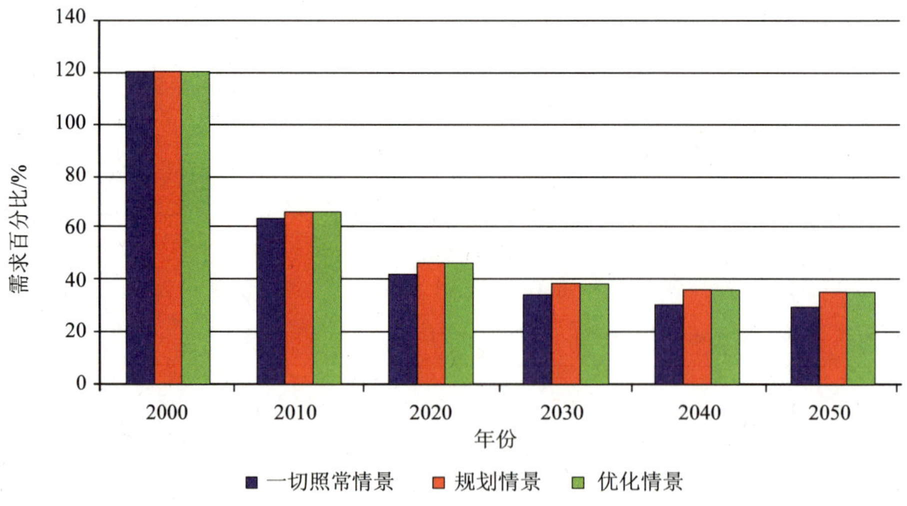

图4.22 草地承载力供给量占需求增量的百分比

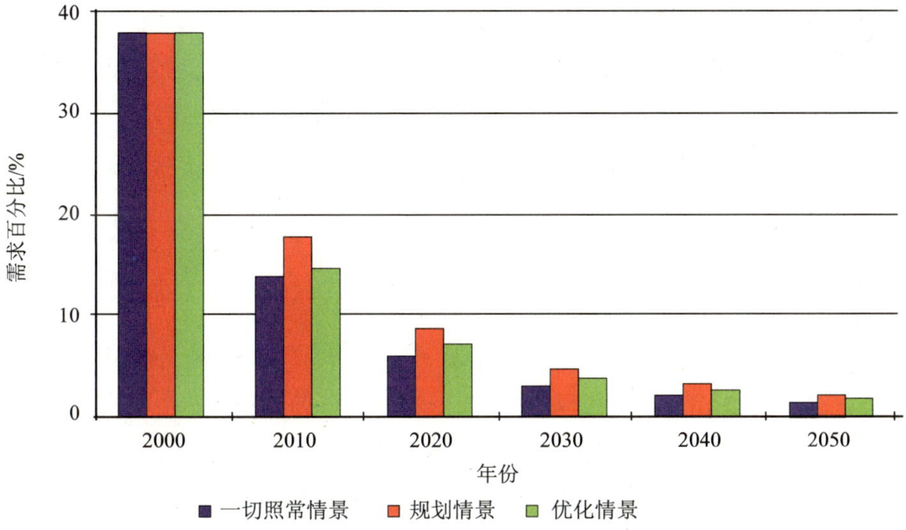

图 4.23 森林增长的供给服务量占需求增量的百分比

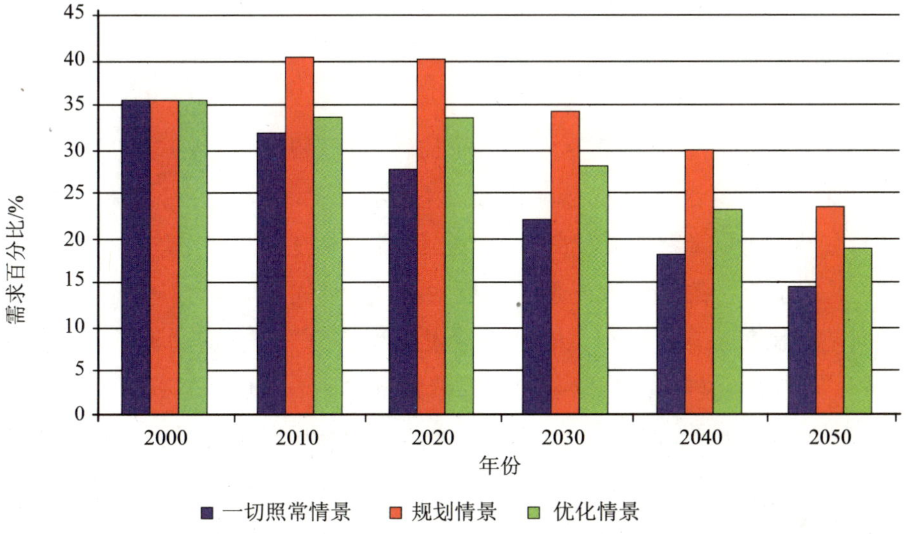

图 4.24 森林旅游服务供给量占国内需求增量的百分比

在解释这些结果时，我们必须重申国内需求的满足不仅仅来源于国内的资源：牲畜可以使用国内或者进口的饲料喂养；木材和纸浆可以从国外进口；中国居民可以去国外旅游或者去非林区旅游。事实上，木材和纸浆消费已经超过了这些趋势。模拟结果显示：不久的将来，中国将最有可能增加对进口的依赖，增加对畜牧业的集约化程度的依赖，增加对旅游目的地多样化的依赖。

4.4 主要结论

通过情景分析发现：

（1）在“一切照常情景”中，所有生态区的森林面积将会缩小。与 1995—2000 基准年份相比，2050 年森林面积将减少 20%。

（2）“规划情景”更有希望能实现长期的经济利益。但是由于遥感数据与统计数据存在差异，基于部门目标设计的“规划情景”存在很多矛盾之处。

（3）西北区是一个生态脆弱区。在未来的 40 年里，如果没有政策干预，西北部的森林、草地和湿地将遭受严重退化。但是，如果有合适的政策支持，森林、草地和湿地生态系统的退化趋势是可以遏制和逆转的。“一切照常情景”和“规划情景”的分析结果都强调了生态系统服务分区开发和管理的必要性，以及优先预防西北区和青藏高原生态退化的重要性。西北区和青藏高原生态脆弱，生态系统一旦破坏将很难恢复。

（4）“优化情景”设置的森林发展目标比较合理，配置了改良的土地利用结构，并严格控制了生态退化。这些措施有望能增强森林、草地和湿地生态系统服务功能。

（5）在“优化情景”中，改良的土地利用结构并没有改善平均物种丰富度。究其原因，是由于改善的具体生态系统面积太小，而“优化情景”中丧失的森林面积更多。但是，长期而言，这种生态系统健康的改善能增加平均物种丰富度值。

此外，遥感数据与统计数据之间存在着大量的不一致性，这不仅仅是一个技术问题，它还具有重要的政策意义。长期以来，规划的制定都是基于统计数据。遥感作为一种高科技信息技术，能更好地捕获生态系统的时空特征。因此，现在应当使用遥感数据来辅助政策制定以提高决策水平。

考虑到数据的限制，本情景分析在以下几个方面具有改进的潜力，见专栏 4.7。

专栏 4.7 本情景分析的改进潜力

1. 生物多样性指数

可以基于中国生态系统研究网络（CERN）和其他典型区的调查，重新确定当前（2000 年）的平均物种丰富度值。比如，中国西北部的低密度草地将比南方各省的低密度草地更接近天然状态。这可以通过利用专家知识和利益相关方参与来实现。利用专家知识和利益相关方参与，来改进平均物种丰富度矩阵。考虑到 GLOBIO3 中可能采用的不同土地利用强度，使用更多的土地利用类型。应用物种分布模型。该模型考虑了当前本土物种分布与土地利用和气候的关系。采用高级回归分析技术，可以预测未来土地利用变化和气候变化对物种分布的影响。但是，这不仅需要大量的数据，也需要耗费更多的时间（参见该方法在泰国森林中的应用①）。

2. 生态系统服务

采用专家知识和通过各利益相关方的贡献可以改进生态系统服务评估，完善不同生态系统服务能力参数（如，完善表 4.11 中的参数）。

3. 空间分辨率与区域效应

目前评估所采用的分辨率为 2 km×2 km，对河流、建设用地土地利用类型，出现明显的面积偏小现象。例如，根据全国湿地资源调查（1995—2003 年）统计，100 hm^2 以上的河流湿地为 820.70 万 hm^2，湖泊湿地为 835.15 万 hm^2，两者合计为 1 655.85 万 hm^2，而本评估基线的河流与湖泊面积为 1 166.32 万 hm^2，两者相差 30%。随着空间分辨率的提高以及遥感数据和统计数据更好地匹配，评估结果的精度还会增加。另外，情景分析与全国评估类似，还可以对每个省（市、区）进行分析和评估。

4.5 主要建议

（1）国家层面上的建议

（a）为了实现自然资源的可持续利用，编制定量化的土地利用/土地覆被图，对土地利用规划而言是非常重要的。在本研究中，数据的不一致性（比如遥感手段收集的数据与统计部门的数据）是一个非常重要的问题。它不仅会影响当前研究的

① Y. Trisurat，J. R. M. Alkemade，et al.，. *Projecting forest tree distributions and adaptation to climate change in northern Thailand*. Journal of Ecology and Natural Environment，2009，1（3）：55-63.

质量，更重要的是会影响到未来的可持续生态系统管理的规划，乃至全中国的可持续发展目标。

建议投资编制生态系统服务图（包括生物物理特征的量化、经济效益的估价），以便为经济和土地利用规划部门提供优化信息，科学制定中国各个区域的可持续发展规划。建议投资建设生态系统服务调查与评估系统，并与国家社会经济统计系统相结合，形成坚实的生态系统服务信息系统，服务于国家社会经济规划的各个层面。

（b）课题组的情景分析及其案例研究清晰地表明：在区域层面，通过重视和投资森林恢复、草地恢复和湿地管理，生态系统为区域经济所作的贡献能够增加并且具有可持续性。

建议关注并投资保护生态系统，以阻止森林、草地和湿地生态系统进一步退化，恢复生态系统，尤其是要关注生态脆弱的西部地区。

（c）课题组的情景分析及其案例研究阐明了如下问题：生物多样性退化问题；生态系统服务丧失问题；中国经济发展潜力区域差异问题。

建议鼓励地方政府进一步关注区域经济可持续发展的潜力。国内贸易和对外贸易可能有助于增强总体人类福祉，重视提高长期的区域生态系统服务供给的能力。

（d）本研究发现生态系统服务具有很强的时空异质性。课题组研发了一个空间分析工具，它能够有效地开展生态系统服务评估。课题组获得的经验性证据表明，生态系统服务的理念具有可操作性，并且可用于增强决策、规划和管理，以实现经济可持续发展。

建议进一步开发生态系统服务情景分析工具，并应用到区域土地利用规划中去；进一步联合地理学家和经济学家研究如何将生态系统服务管理融合到长期的可持续发展目标中去。

（2）基于部门规划与发展的建议

CLUE 模型模拟的“一切照常情景”显示，如果没有政策干预（比如没有保护区和部门规划），那么，在“一切照常情景”中，所有生态区的森林面积都将降低，尤其是西北区将比基准年份降低 58%。尽管中国实施了大规模的森林保护与恢复项目，但是仍有一些地方的森林面积在减少。

在所有区域中草地面积将显著减少。如果没有政策干预，中部、西南部和南部生态区的草地面积将接近消失。草地（尤其是高密度草地）的退化或转化为其他土地利用类型（即使是转化为森林）可能会导致草地（主要是地下生物量）碳储量的大量减少。基于区域特征（比如坡度、海拔、土壤条件、气候、人口、GDP 和可达性等）分析，在草地将有可能转变为其他土地利用类型的地方，在综合土地利用规划中必须仔细权衡各种生态系统服务的需求，努力阻止上述生态区可能发生的草地退化。

在中国大部分地方，湿地面积可能减少，尤其是北方、中部和西南区。政府部门需要考虑投入精力去阻止这些生态区的湿地退化。

为此，建议：

（a）为不同土地利用类型单独设定与土地需求相一致的目标，以避免对生物多样性（比如，如果草地转化为农田，草地多样性将会丧失）和生态系统服务造成不必要的损失。如果我们在制定土地利用和管理综合规划时考虑了具体的生态系统服务和生物多样性需求，这种损失完全可以避免。

（b）人工林可能具有较高的供给服务和临时固碳服务，但是生物多样性和调节服务（部分案例）相对较低。如果种植了非土著物种（如桉树），人工林将可以提供木材和纤维用于制造纸张和纸浆。但是，吸收的碳将无法保留。如果人工林建在具有很高的地下碳库的草原地区，那么要经过很长时间后，树木生长的固碳量才能弥补最初的碳排放。在土地利用综合规划中，应当很仔细地权衡不同的生态系统服务。

（c）在“规划情景”中，为了实现 2050 年森林覆盖率达到 32.5%的目标，青藏高原区的森林面积有可能增加 182 000 km^2，西北地区森林面积可能增加 154 772 km^2。根据分析和专家咨询，本课题组认为，如果对未来森林覆盖率目标定得过高，实施起来难度很大，所付出的草地与湿地等生态系统损失的代价也会很大。

（3）科学在规划和数据中的作用

正如本报告所讨论的，在遥感和统计数据之间的差距非常突出。很久以来，社会经济规划都要采用统计数据。已有证据表明，以 GDP 为核心制定的社会经济规划在处理可持续发展问题上还存在严重的缺陷。此外，本研究还谈到数据限制问题。2 km×2 km 空间分辨率的遥感数据至少损失了 10%的必需信息，这会影响到分析的结果。遥感是一种基于技术的信息获取手段，它是统计数据的一种补充。遥感技术越来越多地应用于研究生态系统服务及其可持续管理问题。

建议加强在遥感信息系统方面的建设和投资，这样可以有效地支持或者实现生态系统服务的可持续管理。

5 生态系统服务与管理的国内案例研究

5.1 国内案例简介

中国生态系统管理所面临最大的问题是如何应对生态系统退化和如何通过生态保护和恢复达到各种生态系统服务的最大化。课题组在案例选择中，主要关注以下四个核心问题：

（1）如何平衡不同生态系统服务之间的关系。在生态系统管理的过程中，不能强调一种生态系统服务，而忽略其他生态系统的服务，不同地区和不同发展阶段，社会公众所关注的生态系统服务是不同的。

（2）如何协调利益相关方的参与。因为生态系统具有整体性的特点，但生态系统管理则是分要素、分地区进行管理。因此，现行管理体制部门之间的工作职责的分工、组织协调在生态系统管理中至关重要。

（3）如何利用和加强科技支撑。生态系统管理必须遵循自然规律、应用关键技术和模式，需要系统的生态系统监测、研究、示范等技术体系来支撑生态系统管理规划和行动。

（4）如何推广典型案例的经验与做法。有效的模式能够推广到更大的范围，对于政策和指南非常重要。

基于上述考虑，课题组选择了四个国内案例，其特点有：

- 黄土高原：生态退化问题严重，10 多年来，生态恢复的成效非常显著；
- 鄱阳湖湿地及流域：生物多样性丰富，流域生态系统管理体制有许多有益的探索；
- 四川省宝兴县：县级层面生态系统管理项目的跨部门协调与整合的成功

范例；

- 中国生态系统研究网络（CERN）：通过 20 多年的探索和实践，建立起了行之有效的生态系统监测、研究和示范体系。

上述四个案例研究在空间尺度上有所不同，黄土高原案例属于区域尺度，鄱阳湖案例属于流域尺度，宝兴县案例属于县级尺度，而 CERN 则更多地关注全国尺度。黄土高原、鄱阳湖流域和宝兴县案例的地理分布见图 5.1。

图 5.1 国内案例区地理分布示意图

表 5.1 案例研究概述

案例研究	鄱阳湖案例	黄土高原案例	中国生态系统研究网络案例	宝兴县案例
		空间尺度		
全国尺度			√	
区域尺度	√	√		

案例研究	鄱阳湖案例	黄土高原案例	中国生态系统研究网络案例	宝兴县案例
空间尺度				
省域尺度	√			
地方尺度		√		√
关注的主要生态系统服务				
供给服务	√	√		√
调节服务	√	√	√	√
支持服务	√			√
文化服务	√	√		√
主要政策建议				
全国尺度的规划	√	√	√	
生态系统途径	√	√		√
协调机制与多方参与	√	√		√
生态补偿与投资	√	√		
监测、评估与教育	√	√	√	

5.2 鄱阳湖湿地及流域案例

5.2.1 引言

鄱阳湖是中国最大的淡水湖，位于长江中游南岸、江西省北部。地理坐标为东经 115°49′至 116°46′，北纬 28°24′至 29°46′。鄱阳湖纳赣江、抚河、信江、饶河与修水五河来水，流域总面积为 162 225 km^2，是维持与长江天然连接的大型湖泊，与洞庭湖、洪湖、龙感湖等共同构成长江中游河湖系统（图 5.2）。

鄱阳湖是一个典型的吞吐型湖泊，年内水位变化大。在季风气候影响下，夏季进入汛期，五河洪水注入湖泊，在长江干流洪水的顶托下，水位显著上升，形成超过 3 000 km^2 的湖面；而冬季随着长江水位的下降，湖泊水位下降，湖泊水面缩小至 1 000 km^2 以内，各种湿地景观显露。水位变化是季节性湿地景观动态变化与冬夏不同湿地类型变化的主要驱动因素。根据国际《湿地公约》与《全国湿地调查技术规程》的分类系统，夏季湿地类型以湖泊与沼泽为主，冬季湿地类型多样，包括浅水湖、沼泽、泥滩、草甸与河流等湿地（图 5.3）。

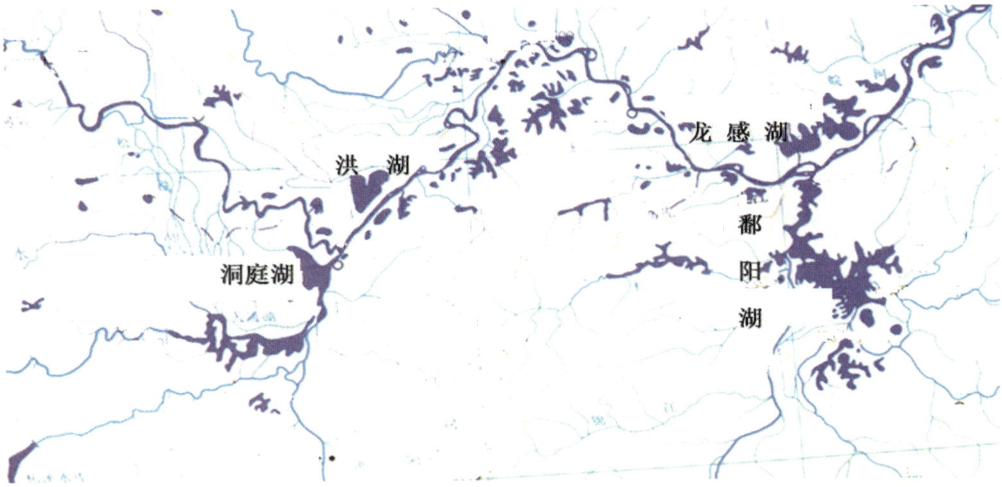

图 5.2 长江中游河流-湖泊生态系统。右下角为鄱阳湖湖盆及其五河流域（赣江、抚河、信江、饶河与修水）与长江干流的关系

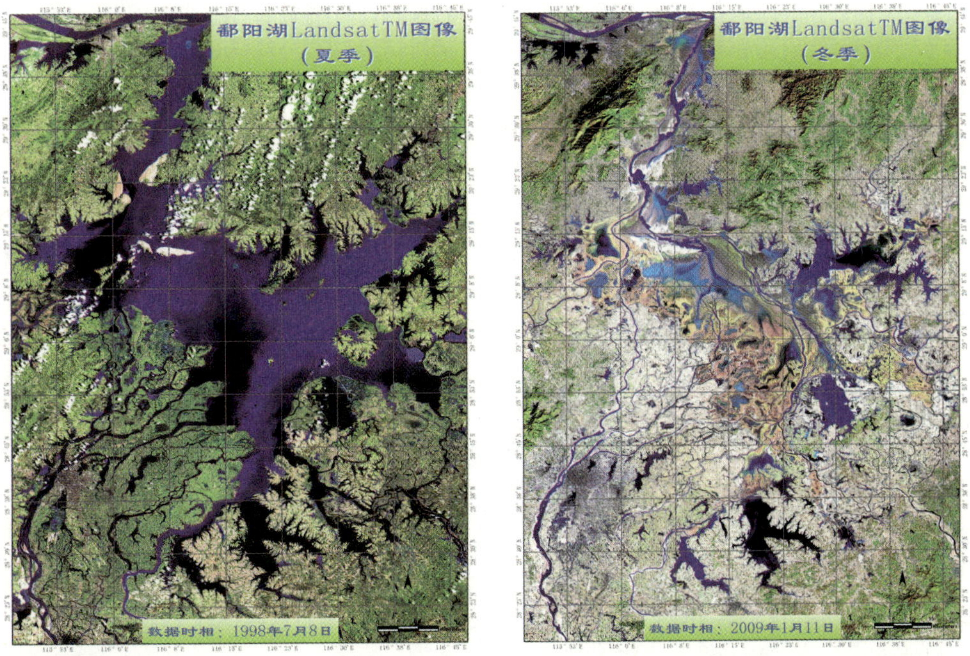

图 5.3 鄱阳湖夏季（左）与冬季（右）卫星影像图。图中蓝色区域为水体

5.2.2 湿地生态系统服务及其重要性

（1）全球著名的候鸟越冬地

鄱阳湖因其在冬季迁来大量水鸟而为国际社会所关注。鄱阳湖是全球 19 种濒危鸟类的最重要的栖息地，是许多候鸟的关键栖息地。全球每年有 99%的白鹤、95%的东方白鹳，超过半数的鸿雁与白枕鹤等全球濒危鸟类在此越冬。

近年环湖水鸟调查数据显示，1999—2009 年水鸟的种类总体呈现出增加趋势，而水鸟的数量呈现出阶段变化的趋势。1999—2002 年水鸟数量略有增加，2003—2005 年水鸟数量相对平稳，2006 年以后，水鸟数量略有下降。其中 2005—2006 年越冬季，调查到的水鸟的种类和数量均最多，分别为 75 种、72.569 万只，而 1999—2000 年越冬季，调查到的水鸟的种类和数量最少，为 16 种、13.568 万只。除 2005—2006 年越冬季外，2002 年以来，水鸟的数量基本维持在 30 万～40 万只（图 5.4）。总体而言，至少有 16 种鸟类的种群超过全球种群 1%的标准。

鉴于鄱阳湖生物多样性保护的重要意义，中国政府于 1992 年将鄱阳湖指定为国际重要湿地，1997 年指定为东亚一澳大利亚候鸟迁飞区伙伴网络成员。

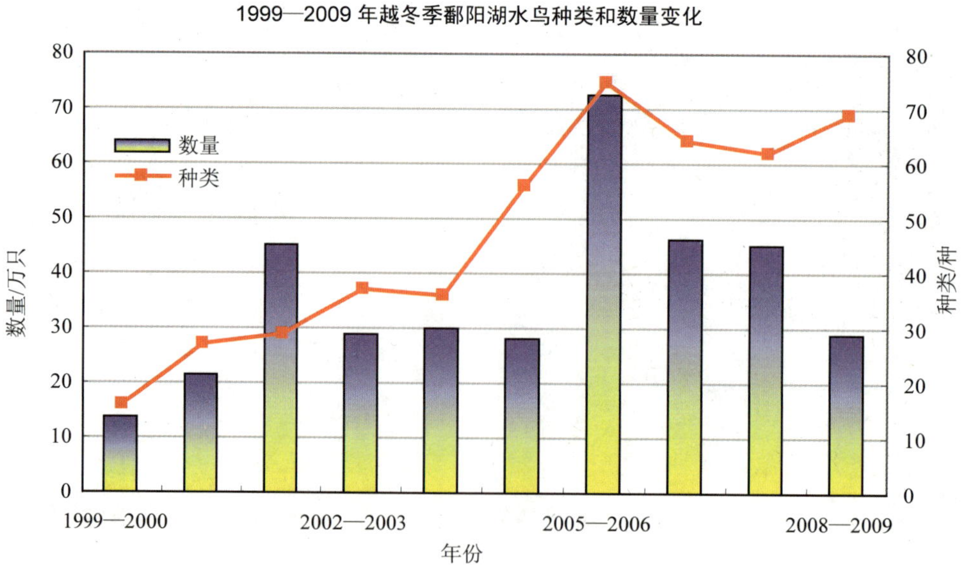

（a）

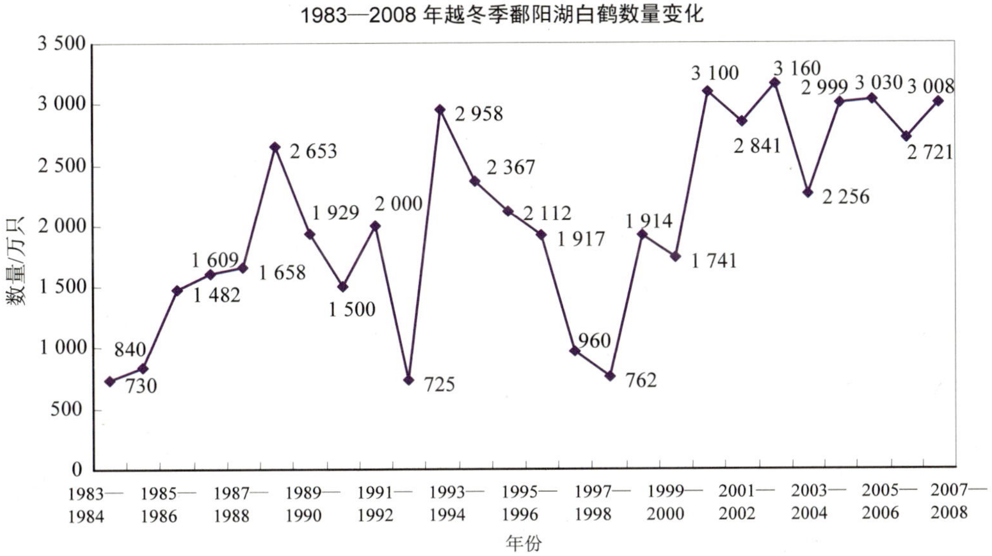

（b）

图 5.4　鄱阳湖近年来水鸟同步调查结果（资料来源：鄱阳湖国家级自然保护区）

（2）长江流域最重要的水生生物栖息地

作为中国最大的淡水湖，以及长江流域两个天然的通江湖泊之一，鄱阳湖对整个长江流域的鱼类及江豚极为重要。鄱阳湖已被纳入国家生态区生物多样性保护区。它至少有 112 种鱼类、87 种贝类、24 种虾类与蟹类、2 种豚类，30 种爬行动物、30 种两栖动物、193 种维管类植物、154 种浮游植物、207 种浮游动物及 229 种原生动物。

（3）长江中下游最重要的洪水调蓄区

鄱阳湖是长江中游关键的洪水调蓄区，蓄洪能力达 190 亿 m^3 到 210 亿 m^3，与三峡大坝蓄洪能力相当，因此能显著降低长江中下游洪灾风险。水文数据表明，湿地每秒可吸纳 14 400 m^3 水，相当于 48.9%的上游五河来水。在 1954 年的洪水期间，五河来水的最大值达 48 500 m^3/s，经湖口出水后减至 22 400 m^3/s，从而使流入长江的洪水流量减少了 53%。在 1998 年的大洪水中，鄱阳湖不仅削减了来自五河的洪水，也调蓄了长江超过 40 亿 m^3 的洪水流量，从而大大减轻了整个长江中下游的洪水风险。

（4）江西鄱阳湖区重要的碳汇

根据现有植被覆被估算，鄱阳湖至少有 226 220 hm^2 湿地可显著促进碳吸收与存储。表 5.2 显示每年鄱阳湖初级生产力达 566 万 t。根据中国富营养化湖泊类似研究估计，每年鄱阳湖碳存储能力在 320 000 t 到 480 000 t。

表 5.2　植被分布及其生物量（张本，1988①）

植被	分布范围/m	面积/hm^2	初级生产力/（kg/hm^2）	总生物量/t
挺水植物带	16～18	22 500	20 250	455 625
湿生植物带	14～16	51 900	17 167	890 967.3
浮叶植物带	13.8～14.0	63 700	—	—
沉水植物带	13.8 以下	136 600	21 550	4 316 465

根据彭佩钦等（2005）对洞庭湖湿地的研究表明，全土（100 cm）土壤有机碳含量达到（127.3±36.1）t/hm^2，同时依据鄱阳湖的相关研究，我们预测鄱阳湖的碳密度应该比洞庭湖低 20%，即（102±30）t/hm^2。而鄱阳湖的总有机碳存储量则高达 3200 万 t。

5.2.3 主要生态系统服务及其变化

根据“千年生态系统评估”的分类（MA，2005），鄱阳湖生态系统服务包括以下四个部分：（1）支持服务：生物多样性、初级生产力、水循环及养分循环；（2）调节服务：洪水与干旱调节、碳汇、净化水；（3）供给服务：淡水、鱼类、建筑材料、通航、家畜养殖、野生植物、医药与工业材料；（4）文化服务：旅游、科研及教育等。

在过去五十年的管理实践中，这些生态系统服务均发生了显著变化。表 5.3 总结了鄱阳湖生态系统服务的变化状态、变化方向、主要驱动力，以及对生态系统内外的影响。

① 张本（主编），鄱阳湖研究. 上海：上海科技出版社，1998，120。

表 5.3 鄱阳湖湿地主要生态系统服务评估及其变化驱动因素

生态系统服务	当前状态	变化方向	驱动力	影响（外部与内部）
支持功能：	每年为 400 000 只水鸟提供栖息场所，包括 19 种濒危物种	种群数量与物种呈增加趋势	长江中游其他栖息地遭到破坏；建立了 14 个自然保护区	对全球尺度初级生产力的影响
生物多样性	为 112 种鱼类提供栖息场所，特别是为江豚提供栖息场所	20 种鱼类已经消失； 白鲟豚极度濒危； 江豚渐危	上游修建大坝 过度捕捞 栖息地遭到破坏 整个长江水生环境恶化	对全球与区域尺度的影响 长江流域栖息地保护
初级生产力	年内生物量达 560 万 t	呈减少趋势	湿地围垦	对区域食物链的影响
水循环	注入长江的流量占 15%；维持鄱阳湖流域地下水平衡	水文缓冲功能减弱	湿地围垦导致蓄水能力下降	对区域尺度的影响
养分循环与土壤形成	流域上游来水携带土壤与养分，改善了鄱阳湖的初级生产力	呈下降趋势	湿地围垦	对鄱阳湖整个流域尺度的影响
调节服务：洪水调节与碳汇	可减少五河 48%～53%的洪水流量，使下游地区惠益	蓄洪能力降低 30%	湿地围垦超过 1 466 km^2（湿地转换成耕地）	对区域与地方尺度的影响，经常表现为利他主义
	每年固定 300 000～480 000 t 有机碳，碳存储量达 3 200 万 t	生物量下降 30% 有机碳减少 500 万 t 到 750 万 t	湿地围垦超过 1 466 km^2（湿地转换成耕地）	对全球尺度的影响
供给服务：淡水	平均每天提供约为 4 亿 m^3 淡水	可饮用水资源减少 36%	工农业、生活污水（特别是水产业）污染造成的水污染	对区域与地方尺度的影响
鱼类	每年提供超过 600 000 t 的鱼类产品	水产养殖产品增加；天然存量减少	过度捕捞；产卵地破坏	对地方尺度的影响
建筑材料	每年提供 4 800 万 t 砂	砂资源逐渐减少	过度开采	冬季对地方湿地水文影响
文化服务：旅游	每年吸引 5 000 万游客到鄱阳湖区参观	显著增加	经济发展与对水鸟重视程度日益加强	对全球与国家尺度的生物多样性及水体景观影响
科研与教育	生态观测与研究长期的基地	研究与环境教育日益增加	生态系统的重要性	对全球与国家尺度的影响

通过表 5.3 分析，我们可以得到以下主要结论：

（1）过去 50 年生态系统服务总体上在减少。其主要驱动因素是湿地围垦、水污染与对自然资源的过度开发。

（2）生物多样性与洪水调节功能是鄱阳湖目前最重要的生态系统服务。前者对全球生物多样性保护有重要影响，后者可以确保整个长江中下游地区洪水安全。除鸟类生物多样性有所提高外，水生生物环境持续恶化，鱼类与水生动物多样性不断下降。鄱阳湖调蓄洪水的功能则比 50 年前下降了 30%以上，1999 年以来，随着湿地恢复与行蓄洪规划的有效实施，调蓄洪水的能力有所提高，但远远没有达到显著降低洪灾风险的目标。

（3）受鄱阳湖内保护力度的加大及周边省份湿地围垦的双重影响，鄱阳湖迁徙水鸟种类近年呈增加趋势。同时也加大了保护长江中游水鸟的风险与难度。

（4）随着中国社会经济的不断发展及环境意识的日益加强，文化服务将显得更加重要。

5.2.4 土地利用变化的情景分析

运用和第 4 章相同的 CLUE 模型情景分析方法，分析了鄱阳湖流域土地利用变化和未来对生态服务的需求状况。

“一切照常情景”下，2000—2030 年鄱阳湖流域土地利用变化如下：（1）鄱阳湖周围未利用土地面积增加；（2）赣南森林面积和赣北湿地面积稳步增加；（3）赣南中低密度森林和灌丛的面积有所减少；（4）赣南低密度草地以及赣北河流迅速减少（图 5.5；图 5.6）。

“规划情景”下，2000—2030 年鄱阳湖流域土地利用变化如下：（1）中低密度森林和灌丛面积快速减少；（2）草地面积持续减少；（3）赣南河流湖泊面积在减少，北部的沼泽和泥炭地面积大幅增加；（4）耕地面积略微增加；（5）建设用地面积，2020 年以前快速增长，2020 年以后则基本保持稳定（图 5.7）。

“优化情景”中，较之“规划情景”，鄱阳湖流域生态系统质量有较大改进。土地利用变化如下：（1）林地面积总体减少约 1%。中低密度森林和灌丛面积大幅减少，高密度森林面积适当增加；（2）草地面积仍将以“规划情景”的趋势在减少；（3）河流和湖泊、沼泽和泥炭地面积都在大幅增长；（4）耕地面积略微增长；（5）建设用地稳定持续增长（图 5.8）。

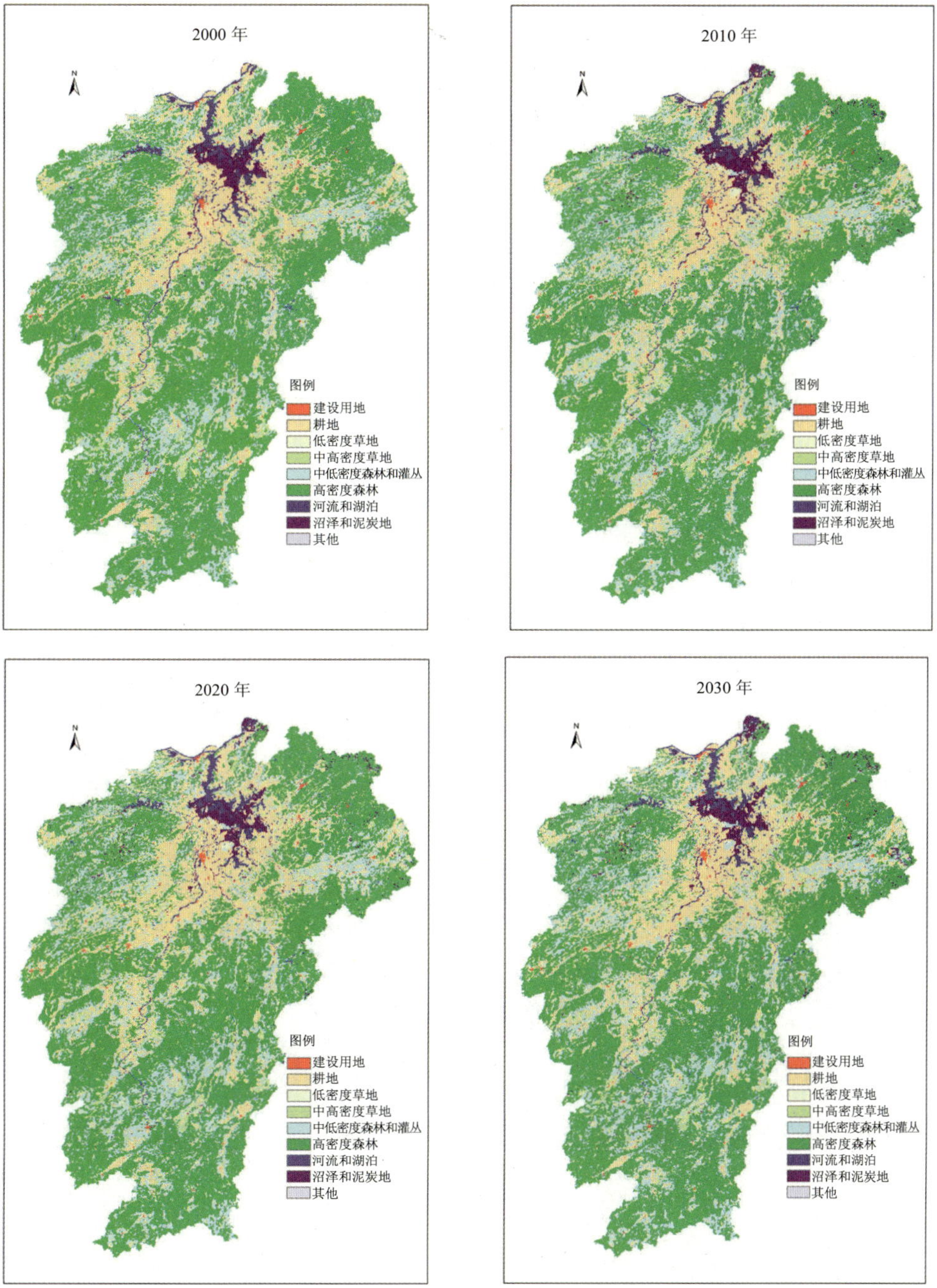

图 5.5 CLUE 模型模拟的“一切照常情景”下鄱阳湖流域土地利用变化

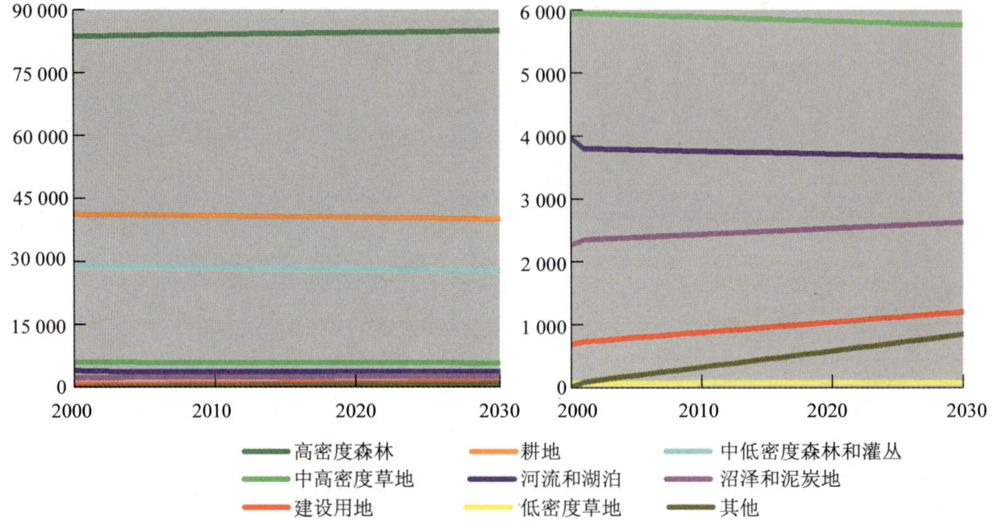

图 5.6 “一切照常情景”下鄱阳湖流域土地利用变化（单位：km^2）

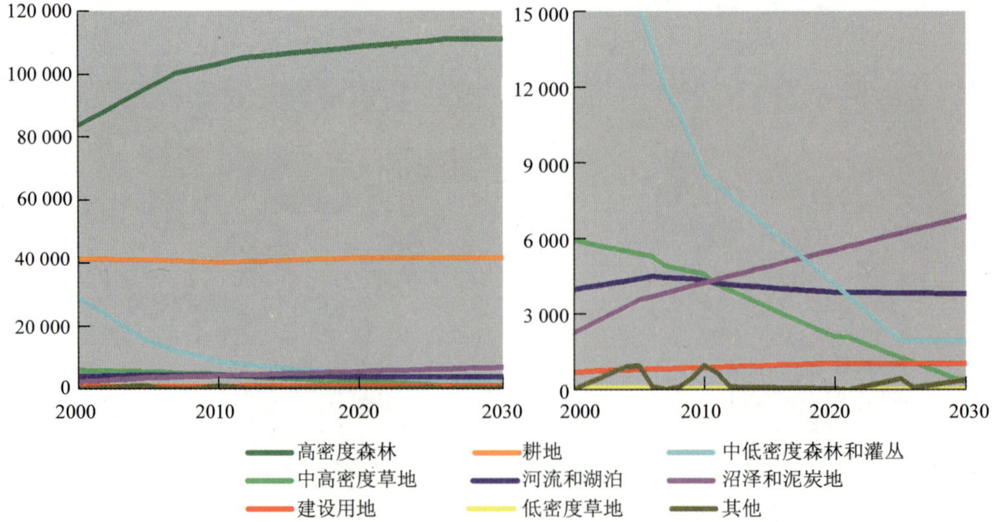

图 5.7 “规划情景”下鄱阳湖流域土地利用变化（单位：km^2）

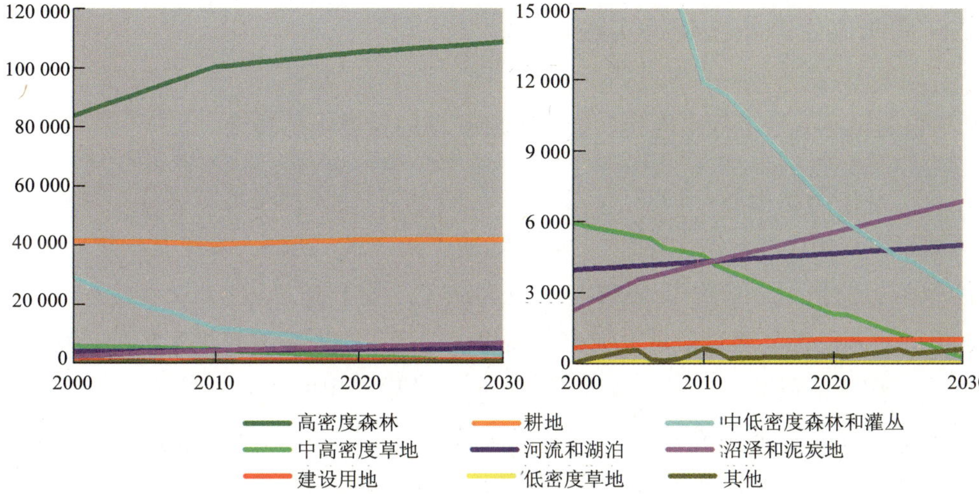

图 5.8 "优化情景"下鄱阳湖流域土地利用变化（单位：km^2）

未来的土地利用方式对鄱阳湖湿地影响非常严重，尤其是各河流对鄱阳湖的泥沙输入量不断减少（图 5.9），这将直接减少鄱阳湖对建筑材料的供应（泥沙），同时还导致冬季鄱阳湖水位降低。另外，泥沙输入量减少直接导致水对河床的侵蚀加剧，但行洪能力会有所增加。

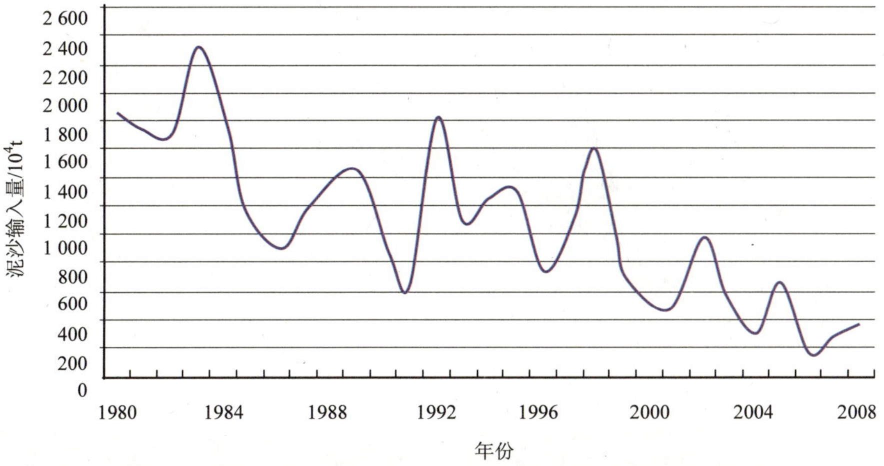

图 5.9 由于水土保持，建坝和挖沙等原因导致 1980 年以来鄱阳湖泥沙输入量持续减少

5.2.5 鄱阳湖生态系统管理实践与经验

5.2.5.1 防洪——从工程措施转向流域综合管理的重要观念转变

在长江中下游地区，1998 年以前应对洪水的措施主要是通过兴建一系列水利工程来解决，如堤坝与闸。然而，随着湿地的不断围垦，防洪大堤年复一年地加高，洪水风险日益加大，导致了 1998 年的特大洪灾，数千人失去生命，经济损失超过 2 000 亿元人民币。通过对重大灾害的反思，得到了唯有恢复湿地和植被，开展流域综合管理才能避免类似洪灾的发生。在中央政府提出的“32 字方针”指导下，鄱阳湖通过在五河上游植树造林，湖区湿地恢复（图 5.10，图 5.11，表 5.3），调蓄洪水的能力显著提高，找到了一条可持续而经济的防洪对策。

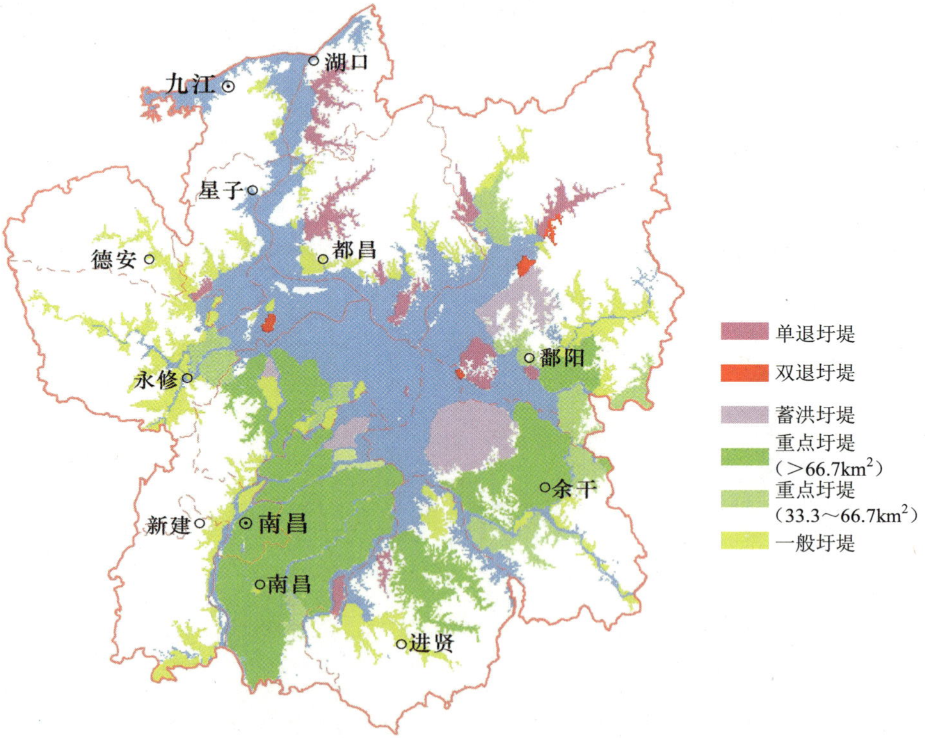

图 5.10　鄱阳湖湿地围垦历史图及其退田还湖与蓄洪规划图[①]

① 姜鲁光，等（2010）. 退田还湖后鄱阳湖区洪水调蓄功能的多情景模拟. 资源科学. 32（5）：817-823.

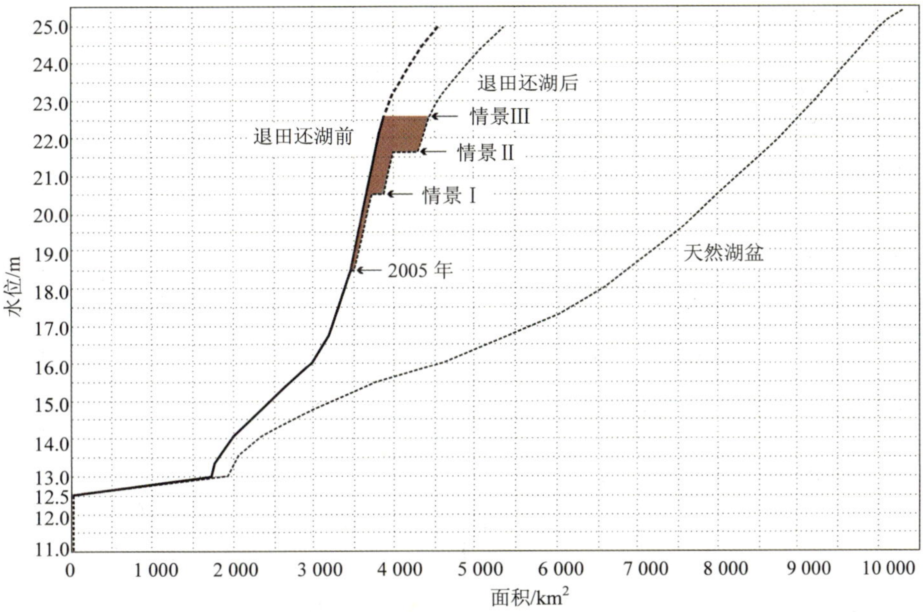

图 5.11 鄱阳湖洪水调蓄能力模拟图

图 5.11 中，虚线表示鄱阳湖维持在自然状况下（无围垦）的水位高程变化。在 1999 年进行湿地恢复前，湿地被围垦的面积和 1950 年相比达到 1466 km^2。在同量洪水的情况下水位急速上升。通过三种不同湿地恢复情景说明湿地恢复在防洪中的效益。

5.2.5.2 湿地保护与管理

为了节制湿地资源过度开发，保护生物多样性，江西省人民政府于 1983 年建立了鄱阳湖省级自然保护区，随后晋升为国家级自然保护区，并在 1992 年随中国政府签署国际《湿地公约》而被指定为国际重要湿地。由于鄱阳湖国际重要湿地仅占鄱阳湖总面积的 7%，且这一保护区的保护目标仅仅局限于越冬候鸟的保护，对鄱阳湖湿地生态系统保护的有效性非常有限。为了对整个鄱阳湖湿地生态系统实行有效保护，当地政府在江西省政府和国家有关部门，以及联合国、国内外非政府组织和科研机构的支持下，围绕不同的保护目标，相继建立了 18 处自然保护区（图 5.12），保护总面积超过鄱阳湖的 70%，有效地保护了鄱阳湖湿地生物多样性。

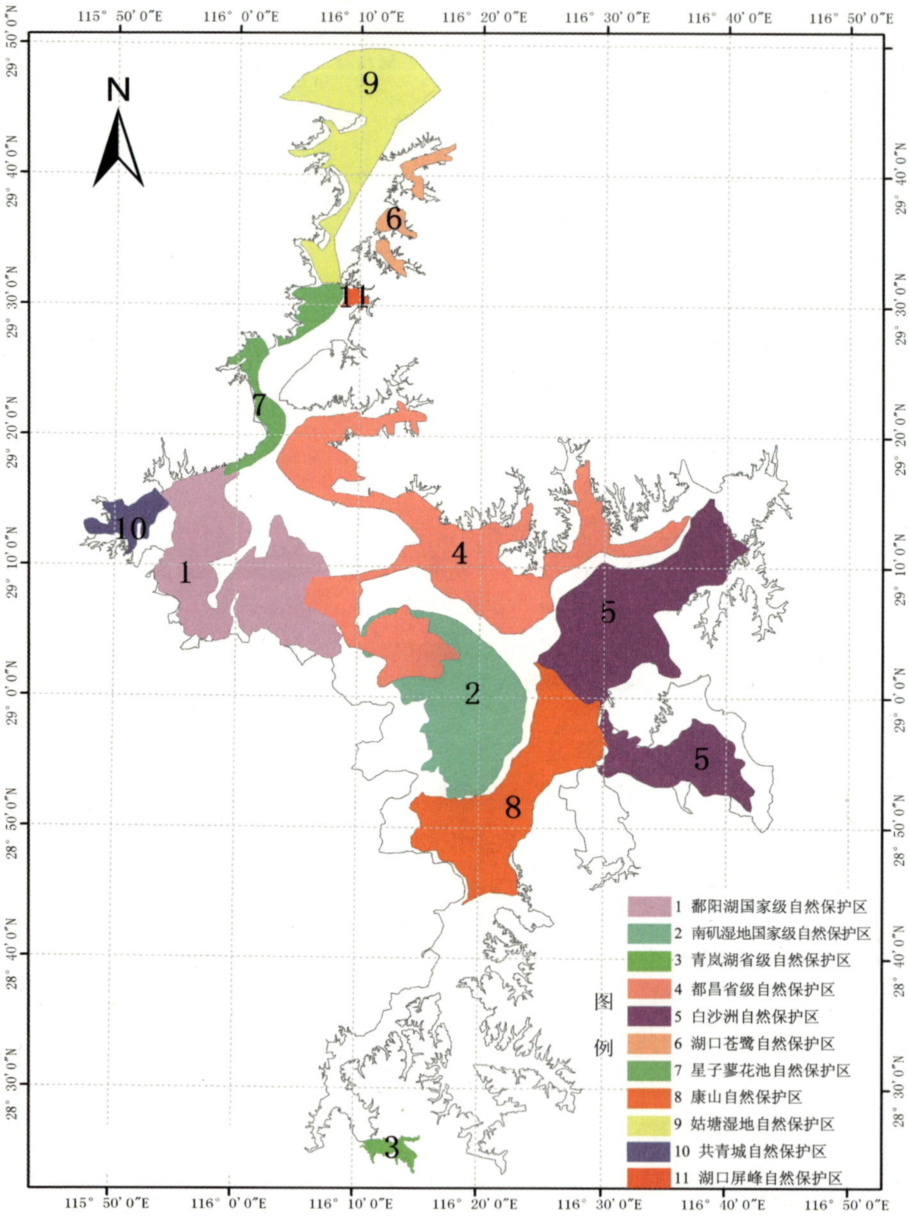

图 5.12 鄱阳湖区湿地与水鸟类型自然保护区分布图

注：在鄱阳湖区自然保护区中，1、2 表示两个国家级自然保护区，1 为鄱阳湖国家级自然保护区，也是国际《湿地公约》湿地；2 是南矶湿地国家级自然保护区，其他为省（市、县）级自然保护区。另有江豚和鱼类资源保护区，在空间上与湿地及水鸟保护区存在重叠和交叉，在图中没有表示。

5.2.5.3 江西省山江湖开发治理委员会

为了治理土壤侵蚀、洪水与干旱及其带来的相关贫困问题，协调生态系统管理中不同的政府部门与地方政府，江西省政府成立了江西山江湖开发治理委员会。这一机构的主要职责在广泛试验、示范基础上，实施流域综合管理总体规划，通过总结与分析森林、江河与湖泊的生态联系，汲取国内外关于流域综合管理经验与教训。该委员会主任由省长（或省委书记）等主要领导担任，其成员主要有相关委、厅、局、地市主要领导。该协调机构已制定了流域综合管理总体规划，相关委、厅、局、地市直接负责实施这一总体规划。

5.2.6 鄱阳湖主要生态系统管理实践评价

为了系统地评估鄱阳湖管理实践的有效性，我们对鄱阳湖以上管理实践按照生态系统服务功能的提升或退化进行了定性分析（表 5.4），并采用《生物多样性公约》的生态系统管理 12 项指导原则作为基准（表 5.5）进行了评估，结果表明：

（1）湿地恢复是确保鄱阳湖区及长江中下游地区洪灾安全的有效途径。任何围垦或破坏湿地的活动，都会对这一地区的社会经济安全构成重大威胁。鄱阳湖及长江中下游防洪对策从单纯的水利工程措施到湿地生态系统恢复和流域综合管理，尤其是山江湖工程等，是生态系统管理的有效途径，能够显著提高鄱阳湖湿地生态系统服务水平。

（2）建立完整的自然保护区体系是确保生物多样性的重要措施，尤其是迁徙候鸟保护的根本措施。从过去 27 年自然保护区建立的过程来看，不采用生态系统保护规划的理论和方法，是很难确保生态系统的完整性和整体性的。1999 年至 2009 年间，在鄱阳湖越冬候鸟的种类与种群均稳步增长，与全球候鸟种群不断下降（Wetlands International，2010），以及长江中游其他湿地鸟类物种和种群下降的现实形成鲜明对比。

（3）山江湖工程模式有效地解决了行业部门彼此割裂、生态系统多头管理和地方各自为政的问题，实现了流域的上下游协同和综合管理。经过 20 多年的努力，使得江西省森林植被覆盖超过 60%，水土流失得到了根本性治理。在运用《生物多样性公约》的生态系统管理 12 项指导性原则的评估中，这一管理实践得到了最高分，说明了山江湖模式的先进性。

（4）《生物多样性公约》的生态系统管理12项指导性原则是一个非常有价值的应用工具。通过运用这一工具对现有管理实践的评估，可以发现工作中的缺陷，并进行改进。比如，防洪与湿地保护实践中，群众的广泛参与不够，公平性与民主性不充分，在湿地保护与利用的平衡上往往只强调某一方面，导致一些保护、管理、恢复措施无法落到实处。

表 5.4　过去 50 年鄱阳湖生态系统管理实践评估

主要工程	目标	年份	结果	改善的服务	退化的服务
湿地围垦与防洪	增加耕地与水产养殖	1990 年以前	1 466 km^2 湿地被转换成耕地与鱼塘	粮食供给	生物多样性；碳汇；洪水调蓄
1998 年后湿地恢复	恢复到 1954 年的洪水调蓄能力	1999—2001 年	增加蓄洪区面积 655 km^2 与蓄洪能力 39 亿 m^3	生物多样性；碳汇；防洪	粮食供给
禁渔与放养人工养殖鱼类	恢复渔业资源	2002 年以来	春季禁渔期（3 月 20 日～6 月 20 日），放养人工饲养鱼苗 4 亿尾	鱼类供给	
自然保护区建设	湿地生态系统保护、迁徙候鸟、鱼类与豚类	1983 年以来	已建立 19 个自然保护区，总面积为 2 093 km^2	生物多样性；碳汇；文化与旅游；科研与教育	
鄱阳湖水利枢纽工程	为了增加水资源利用、航运与渔业	正在评估之中		淡水供给；鱼类供给；改善航运	生物多样性；洪水调蓄；碳汇；生态旅游；水质净化

表 5.5　鄱阳湖主要生态系统管理活动评价（参照《生物多样性公约》生态系统管理 12 条原则）

原则	核心要求	总体评价	影响鄱阳湖湿地的主要生态系统管理活动		
			防洪	湿地保护	山江湖工程
公平原则	由利益相关方共同确定管理土地、水和生物资源的目标	部分达到了，但大部分仍然没有给每个利益相关方平等的地位	部分	部分	√

原则	核心要求	总体评价	影响鄱阳湖湿地的主要生态系统管理活动		
			防洪	湿地保护	山江湖工程
民主原则	必须充分发挥基层作用	管理权主要集中于地方政府部门的手中，并没有下放到最合理的基层	×	×	部分
生态系统关联原则	必须充分考虑任何管理活动对相邻生态系统的影响	是，完全符合这一原则	√	√	√
生态经济学原则	生态系统服务回报	有限研究表明尚未遵从	部分	×	部分
生态系统结构与功能保护优先原则	生态系统保护优先目标	是，但面临新建设水利工程的挑战	开始意识到湿地的重要性	√	√
慎重性原则	在生态服务功能限度内管理生态系统	部分	部分	部分	√
合理尺度原则	选择合理的时空尺度	往往局限于湖区，时间尺度关注不够	√，湖泊流域尺度	√（迁飞区与流域尺度）	√，湖泊流域尺度
长远目标原则	能解决生态系统管理的时间滞后性与空间变化	由于对生态系统变化有限了解，往往以短期目标代替了长远目标	√	√	√
适应性管理原则	通过学习改善生态系统管理	部分，没有全部应用	部分	部分	√
保护与利用的平衡的整合原则	考虑到了多功能性	保护与利用的协调关系一直没有处理好，许多项目只关注其中一个方面	仅关注洪水调蓄	仅关注保护	部分
充分收集各方信息原则	通过现有研究与当地居民收集所有信息	没有完全遵从	部分	√	√
相关利益方参与原则	必须尽可能让社会各界与各学科专家参与	有限地采纳政府官员与专家的意见	政府	政府	政府与当地
总分（“√”表示1分，“部分”表示0.5分，“未定”表示0分，总分为12分）			7.0	8.0	10.0

5.2.7 政策建议

（1）进一步推动湿地生态系统保护与恢复。鄱阳湖在过去 20 多年的实践中，通过开展湿地保护与恢复，取得了初步成效，获得了宝贵的经验，但离理想的生态系统保护，全面提高生态系统服务，造福一方百姓，实现生态文明、和谐发展还有很大差距。鄱阳湖的湿地恢复在降低洪灾风险、实现生物多样性保护，尤其是鱼类生物多样性保护的任务还很艰巨，需要国家和地方坚持不懈地推进鄱阳湖的湿地保护与恢复。

（2）建立生态系统管理的协调机制。生态系统管理需要良好的跨部门协调，需要各利益相关方的广泛参与，只有这样才能有效消除生态系统退化的驱动因素。山江湖工程模式不仅仅在鄱阳湖湿地生态系统管理中有效，而且可以推广到任何一个空间尺度的生态系统管理。

（3）大力推广应用《生物多样性国际公约》生态系统管理 12 项指导原则。鄱阳湖现有管理实践的评估结果表明，应用好 12 项指导性原则，可以从根本上避免行业部门彼此割裂、生态系统多头管理和地方各自为政的问题，克服目光短浅，以短期目标代替长远目标的地方行为，稳步、协调、公平、科学地推进生态建设工作。

5.3 黄土高原案例

5.3.1 黄土高原简介

黄土高原地区位于中国中部偏北的黄河中游及海河上游地区，其范围为秦岭以北，阴山以南，太行山以西，乌鞘岭-日月山以东，包括陕西、甘肃、山西、内蒙古（南部）、宁夏（南部）、河南（西北部）、青海（东部）7 省区的 41 个地区（市、盟、州）287 个县（旗、市、区），地理位置在东经 100°54′7″～114°33′7″，北纬 33°43′7″～41°16′7″之间，为世界最大的黄土覆盖区，总面积 60 余万 km^2，约占全国国土面积的 6.6%[①]。

---

① 马博虎，刘毅，李世清，等. 2007. 黄土高原生态环境建设与土壤质量演变[J]. 生态经济，3：39-46.

黄土高原地处温带大陆季风性气候区，多年平均降水量在 464.1 mm，降水量少。近几十年来，黄土高原地区的气候呈现出明显的暖干化趋势，200 mm、400 mm、600 mm 降水线南移，干旱半干旱区面积无显著扩大，湿润半湿润区显著缩小[①]。与降水少相对应，黄土高原地区水资源总量仅为全国的 2%，流域内水资源的使用率已达 70%以上，远远超过国际上公认的 40%的警戒线[②]。

由黄土塬、川、沟壑、山、墚、峁、坪等构成了黄土高原地区复杂而典型的黄土地貌[③]。黄土高原大部分地区被深厚的黄土覆盖，土壤抗蚀性弱。黄土高原地区自然地带性植被已不多见，而农田、人工林草地占有很大比重，总体上植被覆盖程度较低。

黄土高原地区的人口呈不断增长态势，近百年来人口翻了 4 倍多。人口密度达到 168 人/ km^2，远远超过联合国半干旱区每平方公里 20 人的允许界限，以全国 6.6%的土地养活着全国 8.5%的人口，给自然资源带来了极大压力。

黄土高原在我国区域经济发展中起着承东启西的作用。作为重要的能源重化工基地，黄土高原煤、石油、天然气等储量丰富，对国家的能源结构调整和保证能源安全影响巨大。而资源开发也对自然环境构成了冲击，成为生态退化的助推器[④]。道路建设和城市化发展也给区域生态安全带来了负面影响[⑤, ⑥]。

黄土高原脆弱的自然环境条件加之长期人类高强度的干扰使得土壤侵蚀问题非常突出[④]。平均侵蚀模数在 5 000～10 000t/km^2，强度高的甚至高达 2 万～3 万 t/ km^2，成为世界上土壤侵蚀最为强烈的地区之一。强烈的土壤侵蚀引起土地退化、生产力下降、甚至荒漠化，干旱、沙尘暴等灾害也频繁发生[⑦]，生态系统非常脆弱。脆弱生态系统的退化曾一度引发了“贫困-垦殖-侵蚀退化-贫困-再垦殖”的环境-贫

① 段建军，王小利，高照良，等. 2009. 黄土高原地区 50 年降水时空动态与趋势分析[J]. 水土保持学报，23（5）：143-146.

② 高照良，李永红，徐佳，等. 2009. 黄土高原水土流失治理进展及其对策[J]. 科技和产业，9（10）：1-12.

③ 李振朝，韦志刚，文军，等. 2008. 近 50 年黄土高原气候变化特征分析[J]. 干旱区资源与环境，22（3）：57-62.

④ 曹世雄. 2008. 自然与社会关系的历史评价——黄土高原生态政策与农业环境的历史变迁[J]. 农业考古，（1）：21-28.

⑤ 刘啸，甘枝茂. 2004. 黄土高原城市化过程对水土保持的影响[J]. 陕西师范大学学报（自然科学版），32（1）：111-115.

⑥ 刘世梁，郭旭东，傅伯杰，等. 2006. 道路网络对黄土高原过渡区土地生态安全的影响[J]. 干旱区研究，23（1）：126-132.

⑦ 王力，李裕元，邵明安. 2004. 黄土高原生态环境的恶化及其对策[J]. 自然资源学报，19（2）：263-271.[王力，邵明安，李裕元. 2004. 陕北黄土高原人工刺槐林生长与土壤干化的关系研究[J]. 林业科学，40（1）：84-91.]

困陷阱。同时，强烈的土壤侵蚀还给黄河及其下游地区的生态安全带来了显著的影响，表现在河流的含沙量高、河道和水库淤积、河床抬高等。因此，黄土高原地区的生态退化及其治理一直是颇受广泛关注的问题。

5.3.2 黄土高原生态系统服务及其恢复的重要性

黄土高原侵蚀的发生、发展虽有其悠远的地学背景，但近 3000 年来，特别是近百年来，随着人类活动的不断强盛，大大加剧了水土流失，人为加速侵蚀速率远远超过自然侵蚀速率。人类活动是加剧黄土高原生态恶化的主导因素[①]。为了治理黄土高原的水土流失和生态退化问题，公众、学者和政府进行了长期不懈的努力，以恢复受损的生态系统及其服务提供能力。区域生态系统的土壤保持服务、水文调节服务、食物生产服务一直是区域生态系统恢复的关键目标。20 世纪初期，黄土高原地区生态系统管理方面的研究和实践主要围绕治理黄河水患而展开；新中国成立后，政府提出了根治黄河和发展生产的双重目标；20 世纪 80 年代，黄土高原地区先后实施了水土流失综合治理和“三北”防护林建设工程[①]。生态系统管理的主要措施包括调整和优化土地利用结构和布局，坡耕地改梯田、坡地退耕并恢复林草植被、封山禁牧、沟谷修建谷坊和淤地坝以拦沙蓄水和建设基本农田等。1999 年，国家又启动了退耕还林（草）工程和天然林保护工程，黄土高原也是重点项目区之一。退耕还林（草）和天然林保护工程的实施，在水土流失综合治理的基础上又进一步强化了植被恢复重建和生态保育，生态系统管理的力度得到加强。在开展生态恢复和重建、加强生态管护的同时，生态和经济的耦合反馈关系逐渐得到重视，通过加大高产基本农田建设力度、发展经济林果、种植牧草和舍饲畜业、产业培育等，将居民生计、地方经济发展与生态恢复和重建相结合，探索黄土高原地区生态改善和经济发展的双赢途径。

5.3.3 黄土高原主要生态系统服务及其变化

采用遥感动态监测、模型模拟和文献集成相结合的方法评估了 2000—2008 年期间在退耕还林（草）、天然林保护、水土保持等一系列生态恢复工程实施的背景下黄土高原地区四类关键生态系统服务的变化，为评估生态恢复成效提供一定科学依据。

---

① 杨正礼. 2003. 我国黄土高原生态建设历史实践与研究进展[J]. 世界林业研究，16（6）：36-40.

（1）水文调节服务

基于区域水平衡分析，结合 Zhang 等①发展的区域蒸散发模型，对黄土高原地区退耕还林前（1983—1988 年）后（2003—2008 年）水平衡中的两个重要分量，包括径流和蒸散发进行了定量评估，以体现生态恢复重建措施下区域生态系统水文调节服务的变化。结果表明，该地区径流和蒸散发均减小，而且蒸散发减小的幅度远大于径流量的减小幅度（表 5.6）。

表 5.6 不同时期黄土高原地区年蒸散量及地表径流变化

	1983—1988 年（1）	2003—2008 年（2）	变化（2−1）
蒸散	406.5 mm	331.3 mm	−75.2 mm
地表径流	37.4 mm	34.3 mm	−3.1 mm

地表产流变化的空间分布见图 5.13。

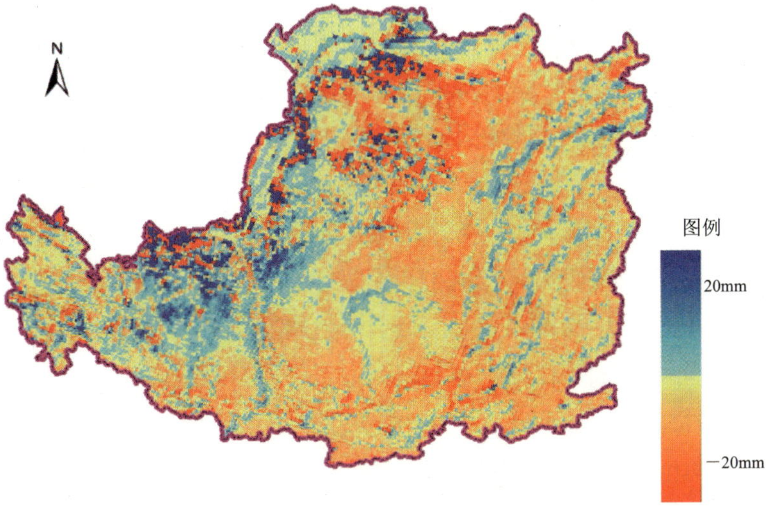

图 5.13 退耕前后地表径流变化的空间分布

① Zhang L，Dawes WR，Walker GR. 2001. Response of mean annualevapotranspiration to vegetation changes at catchment scale[J]. Water Resources Research，37（3）：701-708.

（2）土壤保持服务

土壤保持服务通过通用土壤流失方程（USLE）及情景分析相结合的方法进行评估。分别估算各个年份的潜在侵蚀量（假设没有植被覆盖情况下的侵蚀量）和现实侵蚀量（各年份实际的植被覆盖和土地利用状况下的侵蚀量）及其空间分布，完成对区域生态系统土壤保持功能的定量评价。

坡面植被恢复是黄土高原坡面土壤侵蚀控制最有效的方式。对黄土高原植被覆盖度变化分析表明，整个区域植被覆盖度逐渐增高。退耕还林还草的主要区域位于东北-西南横贯黄土高原的丘陵沟壑区和东部、西南部山区，以坡耕地（大于 25°或大于 15°的坡耕地）为主。2000—2008 年，黄土高原生态系统土壤保持总量平均为 15 300 万 t/a，保持率逐渐提高，平均保持率为 63.3%。

从空间分布来看，土壤保持服务增加的区域主要位于坡耕地分布较多的丘陵和山区。黄土高原中南部地形起伏大、地形破碎的黄土丘陵沟壑区、东部吕梁山区、南部秦岭北侧山麓地带是主要的退耕区域，是土壤保持高值区。

从土壤保持量在各土地利用类型间的分布看，2000 年和 2008 年，林地、灌丛、草地三种土地利用类型土壤保持量占总量的比例在这两年分别为 86.4%和 87.2%。尤其是草地和灌丛在面积和土壤保持量比重都显著上升。

从坡度分异看，土壤侵蚀量最大的部分位于 15°～25°坡度带上，其次是 8°～15°、25°～35°两个坡度带。这三个坡度带与其他三个坡度带土壤保持总量存在明显的差异，是生态系统土壤保持服务表现最明显的区域。8°～35°坡度带占区域总面积的 45.63%，是黄土高原土壤侵蚀的主要发生区，平均侵蚀量占总量的 82.1%；平均土壤保持量占总量的 84.4%。因此，这些区域植被恢复对减少整个黄土高原侵蚀产沙起到关键性的作用。

（3）碳固定

以基于遥感的土地覆盖变化和植被信息为空间分布式数据，从黄土高原地区关于碳固定的小尺度观测研究（103 个样本）提取碳固定的有关参数，建立多元回归模型对退耕还林（草）驱动下的区域生态系统碳固定进行评价和模拟。结果表明，退耕还林（草）表现出了显著的固碳效应（表 5.7）。

表 5.7　2000—2008 年黄土高原退耕面积及植被、土壤和生态系统固碳量

退耕类型	退耕还草	退耕还灌木林	退耕还阔叶乔木林	退耕还针叶乔木林	合计
变化面积/hm^2	7.27×10^6	2.95×10^6	4.65×10^5	3.51×10^5	1.10×10^7
土壤固碳量/Tg	33.99	26.07	3.88	5.27	69.21
植被固碳量/Tg	7.16	11.30	3.24	2.06	23.76
生态系统固碳量/Tg	41.15	37.37	7.12	7.33	92.97

（4）供给服务

农田生态系统的供给服务以粮食产量为指标。基于中国统计年鉴数据的分析表明，粮食总产量 2000—2008 年表现为上升趋势（图 5.14a），总的变化率为 18%。这种增长是在粮食播种面积总体减少，而粮食单产增加（图 5.14b）的作用下实现的。

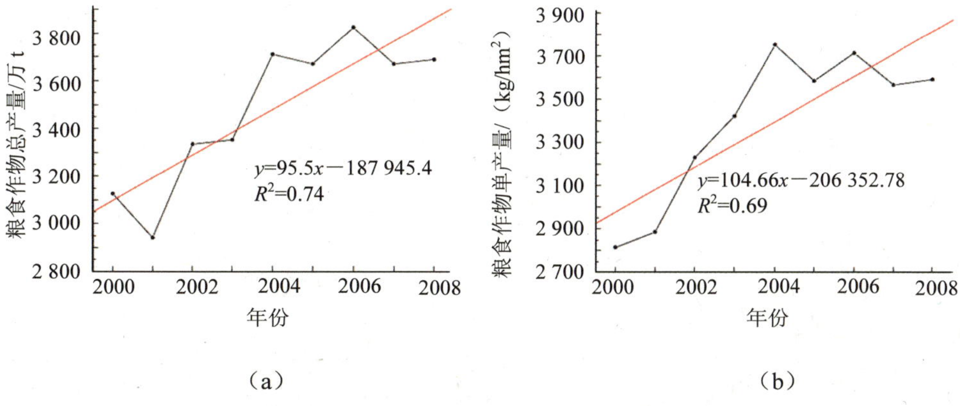

图 5.14　黄土高原 2000—2008 年粮食作物产量

净初级生产力（NPP）代表着区域生态系统提供总产品的潜力。基于遥感光学模型的定量评价表明，2000—2008 年黄土高原地区年净初级生产力总体上处于上升趋势（图 5.15 上），变化率为 27.4%。区域生态系统净初级生产力变化的空间分

布见图 5.15 下，主要表现为东北-西南走向的条带或区块状分布。

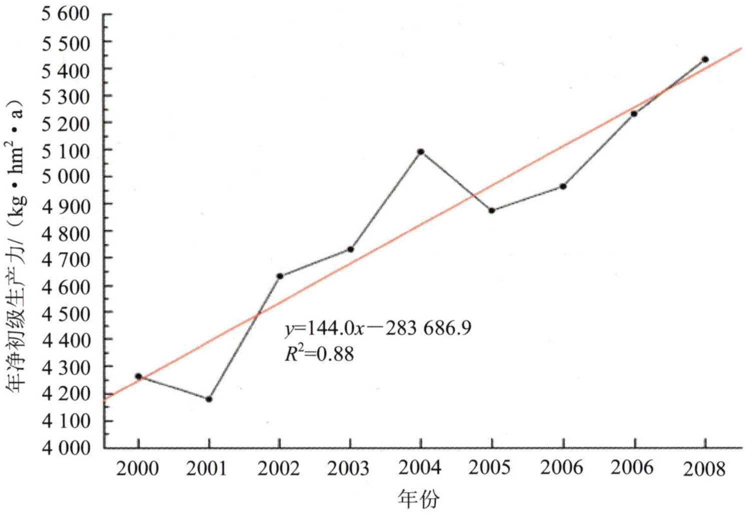

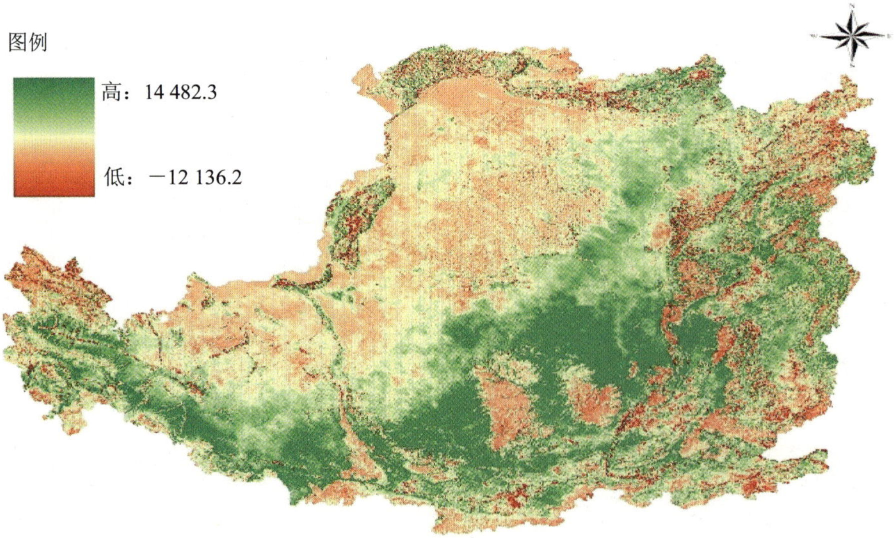

图 5.15　黄土高原生态系统 NPP 年际变化及其空间分布

5.3.4 区域生态系统优化管理措施

黄土高原生态系统优化管理措施具有系统性。首先是建设梯田和坝地基本农田，解决人口的粮食生产需求；其次，坡耕地进行退耕，通过人工林草植被恢复或封禁自然恢复等方式增加坡地植被覆盖，提高坡地生态功能；再次，发展舍饲畜牧业、果业以及劳务输出等替代生计，促进农村劳动力由传统粮食种植业向其他行业转移，在提高农民收入和生活水平的同时，降低人口对自然环境的压力。

黄土高原上述几个关键生态系统服务的显著提高是水土流失综合治理、退耕还林（草）等一系列生态恢复工程驱动下系统化的生态系统优化管理措施效果的直观反映。同时，不论在黄土高原区域尺度、县域尺度，还是农户尺度，经济总量和经济结构都有了明显改善，具体表现 2000—2008 年区域和县域 GDP 的增长，第二、第三产业比例的提高，农业内部种植业、畜牧业和林业结构的优化，农村劳动力的就业结构和农户收入来源的多元化发展，农户收入水平的提高。农民对生态恢复工程有了较高的认同度和支持率，环境保护意识明显提高。

5.3.5 黄土高原生态系统管理的经验

黄土高原地区是典型的生态脆弱区，生态系统管理一直是该地区人类生存和地方社会经济发展所必需关注的问题。从 20 世纪 50 年代农业开发和水土保持开始以来，在国家政策支持和当地政府、群众的努力下开展了一系列的生态系统管理实践，通过大量项目的实施，获得了很多具有广泛借鉴意义的生态系统管理经验。

（1）长期坚持和投入是生态系统管理良好成效的基础

由于受复杂的自然和社会经济因素的影响和制约，生态系统的保护、恢复和可持续利用，必然是持久战。陕西米脂县高西沟生态环境治理典型的 50 年成长历程和陕西安塞县纸坊沟小流域 30 余年水土保持综合治理的良好成效说明，长期的投入和稳定的政策环境是生态系统管理有效性的重要基石。

（2）项目带动是改善生态系统管理的重要契机

生态系统管理需要通过一系列的项目加以落实。生态系统保护、恢复和可持续利用项目的设立和实施是生态系统可持续管理的工具。由于强烈的土壤侵蚀，黄土高原地区的生态系统恢复与重建表现为以水土流失综合治理为核心的生物措施和工程措施相结合的模式。生物措施方面，以退耕还林（草）为典型项目，生物措施与工程措施等相结合方面，以水土保持世行贷款项目为代表。退耕还林（草）和黄土高原水土保持世界银行贷款项目，一方面为黄土高原的生态系统管理带来了大量的投资和良好的政策支持，另一方面，也带来了生态系统管理体制机制的一些改革创新。已经竣工的黄土高原水土保持世界银行贷款一期、二期项目区经济、社会、生态效益显著，在竣工验收中获得了“非常满意”的最高评价，被世界银行誉为“旗帜工程”，并获得2003年度“世行行长杰出成就奖”。

（3）机制创新是生态系统管理区取得良好成效的关键

（a）项目组织协调上的机制创新。黄河水土保持生态工程重点支流治理项目，是黄河流域大型水土保持综合治理项目，项目区主要分布在黄土高原。在该项目的执行过程中形成了项目整合、资金捆绑的良好运作模式。具体内容是[①]：经地方政府协调，各有关部门相互配合，发挥部门优势，将退耕还林、以工代赈、小农水、生态移民等专项资金投入到项目区治理中来，做到各投其资、各计其功，各交其账，充分体现资金使用的综合效益。各地采取不同的形式加强对区域生态治理的管理，例如忻州市把生态治理绩效纳入地方政府相关领导和部门考核的目标责任制，推行了市级领导包县、县级领导包流域、部门领导包项目、乡镇领导包工程的层层承包责任制，有效地调动了各级领导的积极性，保证了工作的连续性和开拓性[②]。

（b）生态建设项目投融资渠道的多元化。黄土高原地区在水土保持生态建设过程中，以国家投资为主，近年来投资主体逐渐向多元化方向发展。例如山西20世纪80年代就开始了户包小流域治理的实践，进入20世纪90年代以来，为了适应市场经济的需求和农民迫切致富的愿望，把治山治水同治穷致富紧密结合起来，在完善户包治理的同时，大力推广了拍卖、租赁、股份等多种形式的生态治理机制[③]。在大户治理总的政策框架下，地方政府还注意引导企业参与生态治理。如山西省柳林县根据当地矿产资源丰富、企业效益较好的实际情况，在培育民营治理大户、鼓励群众治山治水的同时，全县实行“一矿一企治理一山一沟”的办法，截至2004年6月底，共有69家企业投入2 820万元资金，综合治理面积达0.39万 hm^2[④]。

① 王坤平，黄建胜，刘汉虎. 2004. 黄河流域重点支流治理项目建设成效与经验[J]. 中国水利，（20）：41-42.
② 常智伟. 2002. 忻州市小流域综合治理基本经验[J]. 山西水土保持科技，（1）：39-40.
③ 王敬瑞. 2003. 发展民营大户、创新治理机制，努力实现水土保持生态环境建设新跨越[J]. 山西水利，（5）：12-13.
④ 刘国长. 2004. 转变职能、创新机制，全面推进新时期农田水利基本建设[J]. 山西水土保持科技（增刊）：35-36.

（c）生态建设项目运筹和管理上的系统性和适应性。黄土高原水土保持世界银行贷款项目之所以取得良好成效并获得高度评价和嘉奖，一个重要原因就是项目在运筹和管理上具有系统性和适应性。黄土高原水土保持世界银行贷款项目在运筹和管理上采取了一系列创新性举措。首先，强化了前期准备环节[①]。其次，建立了全面的监测评价和严格的监督检查制度，成为项目管理的有效手段[②]。再次，建立了项目运行的适应性调整制度[③]。

（4）通过黄土高原案例区的实地调研获得的启示：多重生态系统服务，例如植被恢复与水资源供给，需要加以权衡以避免负面效应的产生；生态保护和恢复项目需要在生态补偿机制方面进行改革，以保证对利益相关方构成有效的正向激励；生态保护和恢复项目的规划和落实要尊重地域分异性，以确保因地制宜。

5.3.6 基于黄土高原案例研究对国家层面生态系统管理的政策建议

（1）建立生态恢复重建项目的科学决策机制

生态恢复重建项目科学机制的建立，就是要在项目立项之前的论证与可行性研究、项目的规划设计、项目的实施与监测评价、项目的适应性调整和项目后评估等各个阶段强化科学性，实现生态恢复重建项目各个阶段科学基础充分、考评机制完善、综合效益优化和可持续的总体目标。

首先，需要把生态恢复重建项目各个阶段进行系统凝练，落实到政策和规范的高度，确保生态恢复重建项目的运筹管理有章可循、有“法”可依。黄土高原水土保持世界银行贷款项目取得高度评价和良好效果的事例充分证明了生态恢复重建项目规范化的运筹管理的必要性和重要性。因此，建议从国家层面建立一系列生态恢复重建项目立项、实施、评价监督、后评价等方面系统的可操作性规范、指标和标准，从程序上为生态恢复重建项目的科学性、有效性及其成果的可持续性奠定制度化基础。

其次，在具体的内容上生态建设项目论证、实施、评价等各个环节都要充分考虑自然和社会经济环境的时空变异规律，确保生态恢复重建项目的区域适宜性。具

① 李效栋，石观梅，赵华. 2005. 制定规程、落实责任、创新机制、扎实工作：甘肃省黄土高原水土保持世行贷款项目建设概述[J]. 中国水利，（12）：40-41.
② 刘则荣，王还珠. 2006. 黄土高原水土保持世行贷款项目的成效与经验[J]. 中国水土保持，（10）：30-33.
③ 周月鲁. 2005. 黄土高原水土保持世界银行贷款项目的经验与启示[J]. 中国水利，（12）：11-13.

体项目的规划、设计、实施、评价阶段，需要明确四个层次的问题：①生态系统自然恢复、近自然恢复和人工重建的宏观比例及其空间配置；②生态林（草）和经济林（草）比例、空间配置和优化管理；③生态系统重建的物种筛选和优化组合；④保证生态恢复和重建工程成效可持续性的替代生计、激励机制和可持续管理。

（2）建立基于生态建设项目的行政绩效考核和跨部门公务合作机制

水土保持和退耕还林（草）得到了从中央到地方各级政府的重视。政府的推动，对黄土高原地区生态项目的实施起到了关键作用。水土保持在中央政府层面主要由水利部负责，流域机构“黄河水利委员会”则直接负责黄土高原地区水土保持相关事务的业务指导和协调管理，黄土高原地区省、市、县各级地方政府则肩负着水土保持政策、措施和项目的具体落实和执行。退耕还林（草）在中央政府层面由国家林业局负责，省、市、县各级地方政府逐级落实。可见，政府重视和良好政策环境是生态建设项目有效推进的根基。特别是，县级行政单元是各种生态项目具体实施的前沿，是具有综合性的最小组织管理单元和行动单元。每个县级单元的生态项目执行好了，则区域生态项目的效果才能得到保证。因此，建议从政策上将黄土高原地区水土保持和退耕还林（草）项目实施过程中形成的县级政府部门之间良好的公务合作机制进行明确，以县级行政单元为突破口，建立生态环境相关事务的政府部门公务合作机制。从政策上规定把生态环境保护和恢复绩效作为地方政府、特别是县级政府及其部门考核的重要指标。县级人民政府对辖区内的生态环境保护和恢复事务总体负责、统筹安排，农、林、水等各行政主管部门各司其职、密切配合，在统一的生态环境保护和恢复的总体规划和行动计划下进行各部门的资金、资源和项目的整合，各负其责、各尽其力、各记其功，提高资金、资源的使用效率，实现县级行政单元内生态环境建设的整体推进。首先从政策层面确立生态环境事务的公务合作机制，并进一步试验、示范和推广，“自下而上”逐步深化生态环境领域的政府机构和行政体制改革。

（3）建立生态建设项目的多元化投融资机制，培育生态建设产业和市场，促进生态系统管理的可持续性

从黄土高原地区生态项目的实施情况看，政府一直是项目的主要投资方，很大程度上表现为“输血式”治理。项目的组织实施上也表现为“自上而下”的垂直式推动，地方的主动性和积极性没有得到很好的调动和发挥。以退耕还林（草）为例，

国家在项目的落实上，截至 2008 年年底已经投入了 1 918 亿元[①]，随着项目不断深入，国家对退耕还林（草）的期限和补偿政策也做出了调整，补偿期限延长而补偿力度下降。

黄土高原水土保持和退耕还林（草）实践中涌现出的“大户治理”、“工业反哺农业”、“工业投资生态”、“国际援助和贷款”等生态建设的多种投融资模式的形成，证明了在环境保护和生态建设领域建立多元化投融资机制的可能性和现实性。多元化投融资机制的建立有利于吸纳社会资金、减轻国家生态环境领域的投资压力，调动社会各界参与生态环境保护和建设的积极性和创造性，同时也有利于推动生态环境领域的国际合作。因此，有必要从政策层面确立生态环境保护和建设的多元化投融资机制，构建鼓励多元化投融资的良好政策环境，促进生态和环保产业化、社会化进程，从而将生态环境保护和建设从以“自上而下”政府为主的外部激励逐步向发挥社会各阶层、各行业以及国际力量能动性的内部激励和政府主导下的外部激励相结合的方向发展。这种转变将把中国生态文明建设推向更深入、更高级和更重实效的层次。

5.4 四川宝兴县案例

5.4.1 案例区简介

宝兴县位于四川省西部雅安市境内的青衣江上游，地理坐标介于东经 102°29′05″～103°01′49″，北纬 30°09′09″～30°56′25″。全县幅员面积为 3 114 km^2，人口 57 505 人，其中少数民族（主要为藏族）人口约 5 000 人。

宝兴县地处青藏高原向四川盆地过渡地带，地势西北高，东南低。地貌类型以高山为主，山地面积占总面积的 97%。宝兴群山之间大小溪流纵横交错，河网密度大，水力资源丰富，河川平均年径流总量为 33.46 亿 m^3，人均占有 68 762 m^3。

宝兴县气候属亚热带向暖温带过渡的大陆性季风气候。气候温和，四季分明。由于受山地海拔影响，垂直变化明显，具有亚热带到永冻带的垂直气候谱。年平均气温约 14.5℃，年均降水量 984.5 mm。

① 李育材. 2009. 退耕还林工程是中国生态文明建设的伟大实践——全国退耕还林工程建设十周年总结. 林业建设，5：3-13.

就生态环境与社会经济而言，宝兴具有以下特征：

（1）适宜的气候条件、复杂的地貌类型孕育了宝兴丰富多样的生物资源，宝兴县现有森林面积 220 471 hm^2，其中 95%为原始林，森林覆盖率达 70.8%，拥有中国西部面积最大的野生桂花群落——赶羊沟十里桂花林。

（2）生物多样性十分丰富，仅维管束植物近 3 000 种，占四川省的 11%；野生脊椎动物有 29 目、77 科、377 个种和亚种，分别占四川省的 69%、59%、29%以上。其中，宝兴综合生态系统管理示范区分布有国家一级、二级保护植物近 20 种，一级保护动物 11 种，二级保护动物 33 种；以宝兴产地命名的模式种及模式亚种植物有 30 种，动物有 51 种。世界第一只大熊猫模式标本即产于宝兴，同时宝兴也是向国内外提供科研与展出活体大熊猫最多的地方，被誉为“大熊猫的故乡”。

（3）宝兴是一个新兴的“水电基地”，水电工业经济是示范区的支柱产业之一。经 25 年观测，水资源总量 24.49 亿 m^3，水能理论蕴藏量 139.92 万 kW。境内的蜂桶寨国家级自然保护区、夹金山省级风景名胜区、中国西部狩猎场、藏乡风情度假区等已被列为四川西部旅游大环线上的重要景点，是四川西部生态旅游大环线上的重要部分。丰富的旅游文化，奇异的自然风光，古朴的原始生态，独特的藏乡风情，构成了宝兴旅游资源的综合性和独特性。

（4）宝兴素有“石材王国”、“石材之乡”的美誉。名贵石材品种达 30 余种，总储量逾 30 亿 m^3。还有石膏、钾矿、煤炭、铅锌矿、铜镍矿、锑矿、金矿、锰矿、玉石矿等矿产资源，都有较大的储量和开发价值。其中钾矿、锰矿属中型以上矿藏，石膏矿属大型矿藏。

（5）以石材、水电和旅游为支柱社会经济发展迅速。2008 年全县国内生产总值达 114 250 万元，其中：第一产业增加值 21 537 万元，第二产业增加值 44 740 万元，第三产业增加值 10 540 万元。民营经济对 GDP 增长的贡献率为 70.7%。全年农、林、牧、渔、服务业总产值 36 729 万元。农民人均纯收入 4 400 元，城镇居民可支配收入 10 962 元。

宝兴是一个偏远山区县，缺乏现代高新技术产业，社会及经济发展基本依赖于自然资源和生态系统的服务，如水电、石材加工、旅游、中药材等。但近些年随着经济和基础设施的快速发展，石材乱采滥挖、大规模水电站建设、过度放牧等不合理的资源开发和建设直接威胁着宝兴县自然资源的可持续利用和生态系统服务。造成这种威胁的原因主要是：

（1）缺乏综合生态系统管理。自然资源评估和管理往往表现为单一部门行为，部门间的协调合作较少，难以保证可持续发展。各部门开展的独立评估更多注重的是本部门内部的考虑，而不是从生态系统功能保护与管理的角度出发去评估。如林业部门主要开展森林资源评估；水利部门主要开展水资源和水土流失评估；国土部门则着重土地利用评估。各部门也均有各自的发展计划，但这些计划对生态系统服务功能综合效应还考虑较少，计划实施的协调性还有待提高。

（2）各个层次上对生态系统功能缺乏足够的了解。当地居民、决策者甚至政府更多强调经济效益，而对保护生态系统功能长期可持续的意义缺乏足够的认识。

（3）决策者缺乏足够的信息用于综合生态系统管理。目前县级管理部门掌握的资源信息大部分属粗浅的属性信息，缺乏生态系统功能监测和评估信息。而且部门之间信息交流少，信息综合与分析能力差。

（4）农村生活贫困，受教育机会少，资源利用粗放。宝兴县属高山峡谷山区，交通不便、信息闭塞，当地人民往往无法获取足够的教育、服务及其他资源。因此，不合理的土地利用现象在当地非常普遍，如陡坡耕作、过度放牧、湿地开垦等现象随处可见。

5.4.2 生态系统服务重要性

宝兴县生态系统类型多样。县域内主要分布的生态系统类型有：森林生态系统、草地生态系统、湿地生态系统、河流生态系统、农田生态系统、城市生态系统。其中主要以森林生态系统和草地生态系统为主，分别占县域面积的 71.5%、20.7%。这些生态系统是在长期地质历史演变和环境演化以及人类干扰下形成的，作为这些生态系统重要组成部分的人类，依赖这些生态系统所提供的各种服务而生存和发展。

（1）生态系统供给服务

农产品提供功能：2008 年全县统计资料，宝兴县农田生态系统面积 0.43 万 hm^2，生产粮食 1 949.2 万 kg、油料 37.4 万 kg、蔬菜瓜果 1 906.4 万 kg；草地生态系统面积 6.40 万 hm^2，生产各类肉食产品 233.4 万 kg；森林生态系统 22.36 万 hm^2，木材总蓄积为 2 091.6 万 m^3。

林副产品提供功能：宝兴森林生态系统提供的林副产品十分丰富，主要包括野生蔬菜、食用菌、药材等。野生蔬菜类包括蕨菜（*Pteridium aquilinum*）的嫩叶，蕺菜（*Houttuynia cordata Thunb*）的地下茎，慈竹（*Dendrocalamus affinnis*）、方竹（*Chimonobambusa quadrangularis*）及苦竹（*Pleioblastus amarus*）的笋等。野生食用菌包括羊肚菌（*Morehella esculenta*）、鸡枞菌（*Collybia platyphylla*）、牛肝菌（*Boletasaereus violaceo-fuscus*）、草菇（*Volvariella volvacea*）、松茸（青冈菌）（*Tricholoma matsutake*）等。野生中药材黄柏（*Cortex Phellodendri*）、厚朴（*Magnolia officinalis*）、杜仲（*Eucommia ulmoides*）、茯苓（*Wolfiporia cocos*）、天麻（*Gastrodia elata Blume*）、贝母（*Fritillaria cirrhosa*）、白术（*Atractylodes macrocephala*）、云木香（*Saussurea costus*）等。

产水：利用 InVEST 模型对宝兴县生态系统产水功能进行评估，宝兴县多年平均产水深度为 625.14mm。这些水量不仅提供宝兴县人畜饮水、农田灌溉，还是宝兴经济支柱——水电产业的重要支撑，同时也是长江重要水源地。

（2）生态系统调节服务

利用 InVEST 模型[①]对宝兴县关键生态系统调节服务功能进行评估，宝兴县生态系统水源涵养量为每年 4.37×10^8 m^3；生态系统土壤保持量为 16933 t/（$km^2\cdot a$），其中森林土壤保持量为 17 663.64 t/（$km^2\cdot a$），草地为 14 177.10 t/（$km^2\cdot a$）；生态系统碳总储存量为 2 622 万 t。见图 5.16～图 5.19。

（3）生态系统文化服务

旅游：宝兴县生态良好，自然风光独特。距成都市 210 km，距雅安市 80 km，距四姑娘山风景区 155 km，距碧峰峡风景区 76 km，是四川省西部大熊猫生态旅游环线上的重要节点，也是四川省列为优先发展旅游的 12 个重点县市之一。旅游业发展迅速。1996 年，宝兴县共接待游客 2 万人次，2000 年 3.5 万人次，2005 年 12.71 万人次，2008 年 50.09 万人次，实现旅游综合收入 2.49 亿元，占宝兴县 GDP 的 22%。

文化：宝兴是民族文化走廊。宝兴历史悠久，古属“青衣羌国”，是始自汉代的民族迁徙走廊的必经之地。汉、藏等各族人民在此劳作农耕，繁衍生息，融合出一种多元民族文化。其典型代表是硗碛的藏族风情，在其民族语言、服饰、饮食、藏家山寨、民族节庆、宗教文化等方面都折射出多元文化融合的特点。硗碛作为距成都最近的藏族乡，是展现藏族风情及藏汉民族团结的重要窗口。

---

① Gretchen C. Daily，Stephen Polasky et al.，Ecosystem services in decision making：time to deliver. *Frontiers in Ecology and the Environment*，2009，7（1）：21-28.

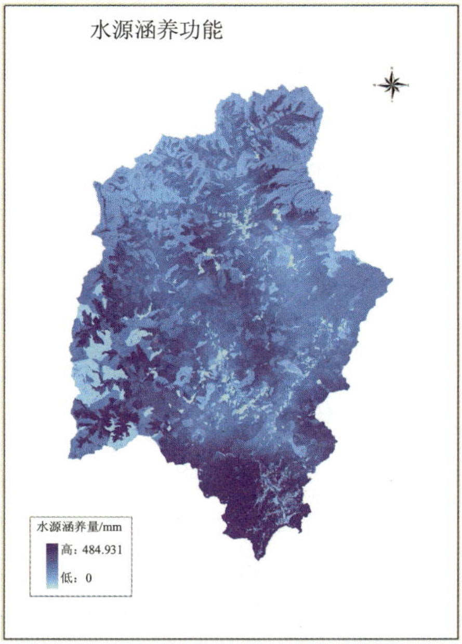

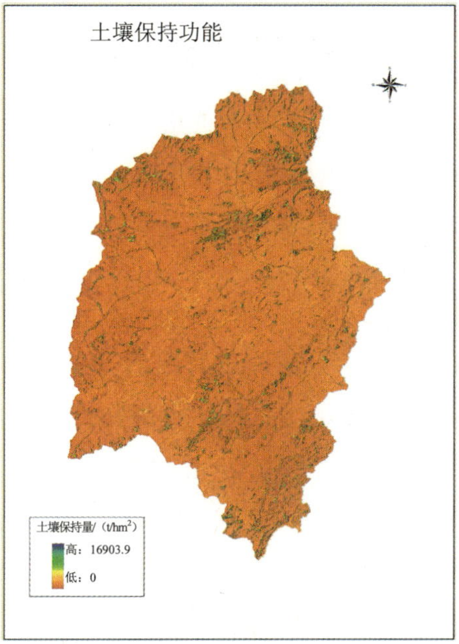

图 5.16 生态系统水源涵养分布图

图 5.17 生态系统土壤保持分布图

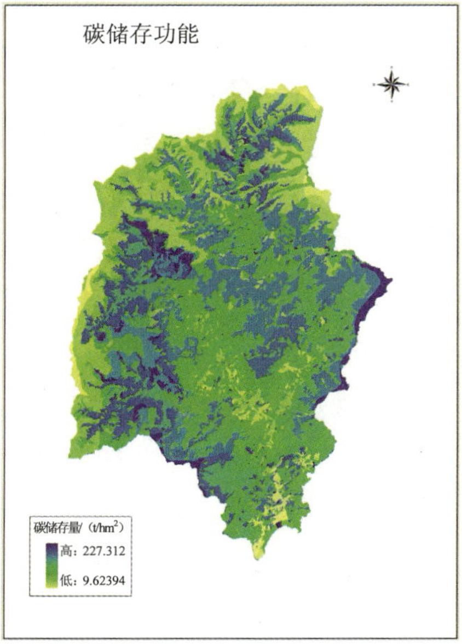

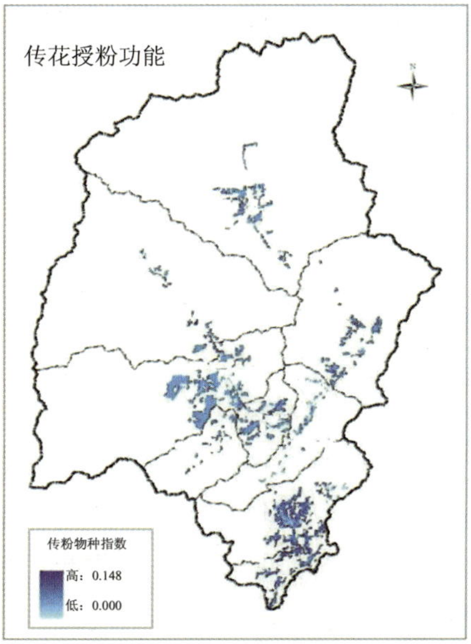

图 5.18 生态系统碳储存分布图

图 5.19 生态系统传花授粉分布图

5.4.3 生态系统优化管理措施

综合生态系统管理是一种建立在科学理论基础上，实施科学发展的先进理念和思想，在国际上得到广泛认可和推广，其方法也在不断完善。这套思想和理论符合我国目前发展需求，符合科学发展观和可持续发展的要求，在一定意义上讲，即是可持续发展的重要支撑，也是可持续发展的具体化。对宝兴县而言，实施综合生态系统管理是宝兴县转变发展观念、思路和实现可持续发展战略的重要契机。

（1）成立综合生态系统管理专门机构

实施综合生态系统管理，促进人口、资源、环境与社会经济的协调发展和可持续发展是政府管理的重点领域，是政府的主要职能所在。通过建立生态系统管理组织管理体系，理顺政府的管理职责范围，确立政府宏观调控职能，完善政策和法制体系，强化执法监督功能，建立和健全综合生态系统管理与可持续发展的综合决策及协调管理机制，发挥政府在制定和实施综合生态系统管理与可持续发展战略中的主导作用。

根据宝兴现有管理体制和存在的问题，在全球环境基金（GEF）项目的协助下，宝兴县政府在原有的条块分割管理模式的基础上，建立了一个独立的综合生态系统管理决策与协调机构——“宝兴县综合生态系统管理委员会”及办公室，负责宏观决策和资源整合与调配、协调相关行政管理部门、组织制定与资源和环境相关规划和管理政策与制度等。同时，成立科学咨询小组，负责宏观决策咨询和管理战略与规划制定。机构成立后相应调整了相关部门的管理职权，理顺各部门的职能分工，形成职能明确、分工合作、协调有力的综合生态系统管理体系和运行机制。宝兴县综合生态系统管理体系见图 5.20。

（2）创新管理机制

民主化决策机制。“生态系统管理委员会+科学咨询+公众咨询”作为宝兴县发展建设与规划的一个决策平台，所有重大决策最终在这个平台确定。将原单部门决策改变为多部门综合决策，使各相关管理部门或利用相关方能参与重大事项决策。

综合管理协调机制。“生态系统管理委员会+科学咨询+公众咨询”同时也是宝兴县实施综合管理的协调平台。上级行业主管部门下达实施的发展建设项目均通过该平台协调，使每一个相关管理部门或利益相关方在项目实施前能参与意见。但各主管部门项目实施职能未改变，项目经统一协调后仍由具体主管部门负责实施。

信息共享与公众参与机制。制定信息共享办法、信息安全保密管理办法、信息共享协议。制定公众参与平台、直接参与间接参与办法。社区代表、非政府组织代表、企业代表组成公众议事会。加强宣传、教育与培训。

（3）生态系统管理信息系统建设

综合生态系统管理是一项系统工程，并综合了所有有关的内容。综合管理的有效实施，其关键还在于改进分析手段和强化信息库。因此，建立生态系统综合管理信息系统将有助于优选管理内容和制定管理政策。根据宝兴县信息化程度及管理水平，生态系统管理信息系统规划建设内容包括：宝兴基础数据库（基础地理信息、生态专题信息、社会经济信息等）、宝兴发展规划数据库、宝兴政策法规数据库、宝兴宣传教育数据库、宝兴生态功能评估模型库、宝兴示范区综合生态监测预警系统等。

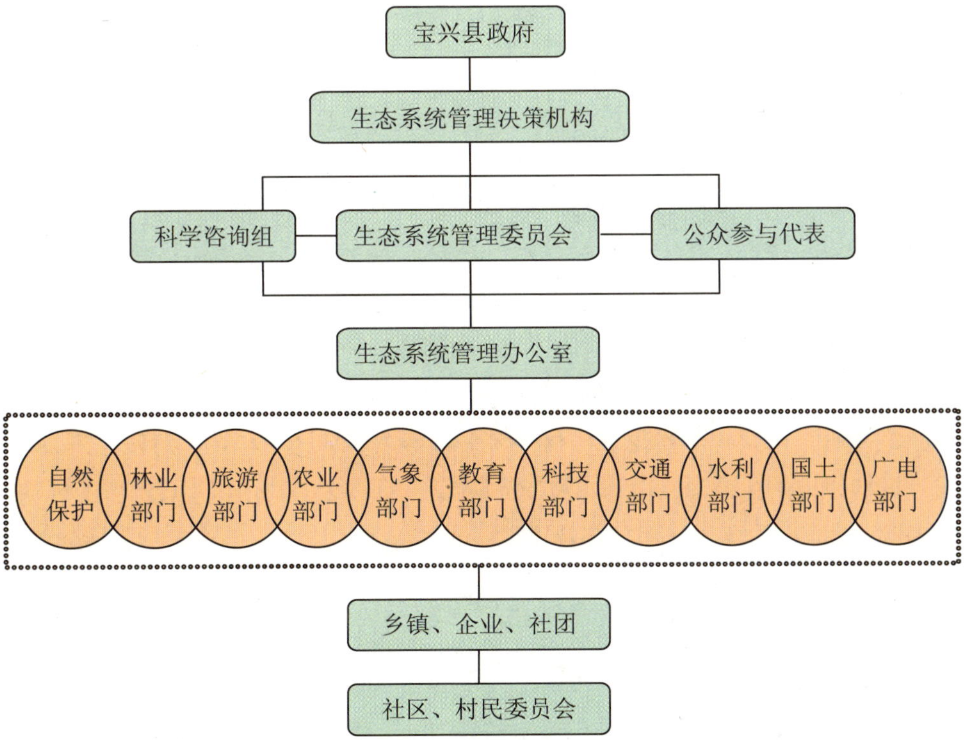

图 5.20　宝兴县综合生态系统管理体系

5.4.4 生态系统管理经验与教训

（1）实施生态系统管理以县为最小单元。县级是我国现行管理体制下具有政府各项职能的最基础单元，实施生态系统管理所采取的各项措施，如制定管理政策与制度，建立综合管理机制，以及规划等方面只有在县级或以上层面才能开展，因此，县域是实施生态系统管理的最小单元。

（2）转变观念是实施生态系统管理的前提。宝兴县政府已经认识到保护生态与环境的重要性，提出了“生态宝兴”的发展战略，但由于缺乏对生态系统及其服务与人类生存和发展关系的基本认识，以及传统观念和管理模式的束缚，“生态宝兴”仅流于形式，如绿化、增加森林覆盖率等，或是在简单的生态保护目标下追求最大的经济利益，如生态旅游开发等，并未深入到社会管理的各个层面，也未动摇传统的管理模式。因此，要想改变传统的发展思路和资源管理模式，实施可持续发展的生态系统管理，必须提高管理者对生态系统及其服务功能的认识，从根本上转变保护与发展观念。

（3）宣传与培训是实施生态系统管理的关键。生态系统管理是一项系统工程，它不同于传统的“条块式”管理模式，因此，需要开展广泛宣传和各类知识培训工作，使决策者、管理者、参与者对生态系统管理有清楚的认识。

（4）建立综合协调管理机构是实施生态系统管理的核心。部门“条块式”分割管理是中国现行的管理模式，短期内尚难改变。而实施生态系统管理需要各部门之间有机协调，因此，需要在不改变现行管理体制的前提下，调整部门职能和管理范围，建立一种部门间协调决策机制，成立专门的综合管理机构。宝兴县成立了一个由环保、林业、农业、畜牧业、水利、国土、自然保护区、科技、财政、规划以及立法等机构组成的生态系统管理委员会，下设一个办公室。该机构是一个政府常设机构，其职能是对县域各管理部门提出的行业发展规划、开发与建设项目进行决策，对县级上级管理部门下达的行业工作任务进行部门间协调，以确保县级各管理部门制定的发展规划和实施的开发建设项目符合全县总体可持续发展要求，符合生态系统整体保护和利用要求，符合各利益相关方的要求。目前在此平台下，宝兴县各部门职责明确，决策共同参与，组织实施协调有序，基本取消了“县协调领导小组”模式，实现了生态系统综合化协调管理。

5.4.5 政策建议

经过多年生态建设与保护，我国生态保护与建设成就举世瞩目，为经济建设与生态安全奠定了坚实的基础。但我国生态建设与保护工作仍未摆脱“重数量、轻质量”的局面。随着经济快速发展，人民生活水平的提高，和谐世界、生态文明、可持续发展成为我国乃至世界的主题和目标。

生态系统管理是基于对生态系统服务的理解和认识，集成多学科研究成果，实施跨部门协调管理，实现资源、环境、人口和社会经济可持续发展的一种管理战略和方法，它完全符合科学发展观的理念，是我国实施和谐、可持续发展战略的可选择途径。因此建议：

（1）尽快启动和实施国家生态系统管理战略，促进科学发展观的全面落实。

（2）在国家、生态功能极重要的省、市、县建立专门的生态系统管理委员会和办公室，使其成为重要资源开发和发展建设规划决策协调平台，促进部门间协调与合作，避免条块分割式单部门决策带来的各种弊端。

（3）加强综合生态系统管理宣传、培训与示范，传播生态系统服务与管理的知识，提高各级管理人员可持续发展管理水平，增强公众参与意识和参与能力。

5.5 中国生态系统研究网络案例

5.5.1 引言

（1）中国需要生态系统的长期观测与研究

党的十七大明确提出全面建设小康社会，要“建设生态文明，基本形成节约能源、资源和保护生态环境的产业结构、增长方式、消费模式”[①]。这一建设和发展理念提出了经济、社会和生态和谐发展的需求，而对生态系统及其变化的认识和理解是保护生态环境、实现和谐发展的基础，构建可持续的生态系统是实现生态文明建设的关键措施。良好的生态系统管理需要长期监测数据，本案例主要是总结中国生态系统研究网络（CERN）的经验和做法，如何将生态系统监测与数据更好地为

---

① 中国共产党第十七次全国代表大会公报，2007 年。

生态系统管理决策服务。

中国的生态保护与恢复工作已进入了从单要素管理到综合管理的新阶段。在当前新形势下，如何从生态系统服务、人类福祉和生物多样性保护等新视角重新评价这些模式，如何满足当前的社会经济发展需要，如何发展以科学依据为基础的新的示范模式或新内涵，更好地服务于国家生态建设重大工程，是中国生态系统研究网络（CERN）所面临的挑战。中国生态系统管理工作需要从以下三个方面进行考虑和转型[①]。

第一，当前生态学关注的问题和研究对象已经从不受或很少受人为干扰的原始生态系统转移到受较多人为干扰的次生或人工生态系统。这个重大转折发生在 20 世纪 80 年代，这对于生态系统管理工作具有重要意义。

第二，应强化对生态系统管理的重要性的认识，将构建可持续的生态系统作为我国的一项基本国策。当前我国面临社会经济可持续发展的巨大压力，同时在长期的历史实践中已经积累了丰富的生态系统经营管理模式，中国学者也做了大量的总结和实验示范研究。构建可持续的生态系统已成为人类面临的最富挑战性的任务之一。因此，将构建可持续的生态系统作为我国的一项基本国策有利于构建人与自然的和谐关系。

第三，生态系统管理的复杂性要求开展长期的、多学科的综合研究。建立可持续的生态系统，必须克服社会、经济、法律和科学等多方面的不足和障碍，必须采取制度与管理、经济与激励、社会与行为、知识与技术等多方面的对策，如美国长期生态学研究网络（US-LTER）提出的社会与环境综合科学（ISSE）框架所示，开展长期的、多学科的综合研究是实现生态系统管理的唯一途径。

（2）中国生态系统研究网络（CERN）介绍

中国生态系统研究网络（CERN）于 1988 年由中科院成立。经过 20 多年的发展，CERN 现已成为全球陆地观测系统（GTOS）和国际长期生态研究（ILTER）网络的重要组成部分，并已发展成为国内外生态研究站和合作伙伴的重要研究平台。CERN 的野外站代表了中国的主要生态系统类型，拥有长期连续的观测数据以及最新的设施和仪器设备。

CERN 现已成为集监测、研究和示范为一体的创新科技平台，下属 40 个生态站（见图 5.21）、5 个学科分中心和 1 个综合中心，共有 2 000 多名学者、技术人员

① 傅伯杰、于秀波. 基于观测与试验的生态系统优化管理. 北京：高等教育出版社，2010. 1-2.

和研究生参与这些活动。通过提供长期科学数据，CERN 在帮助国家应对生态建设、环境保护、农业、减灾以及自然资源管理等方面的问题发挥着至关重要的作用①。

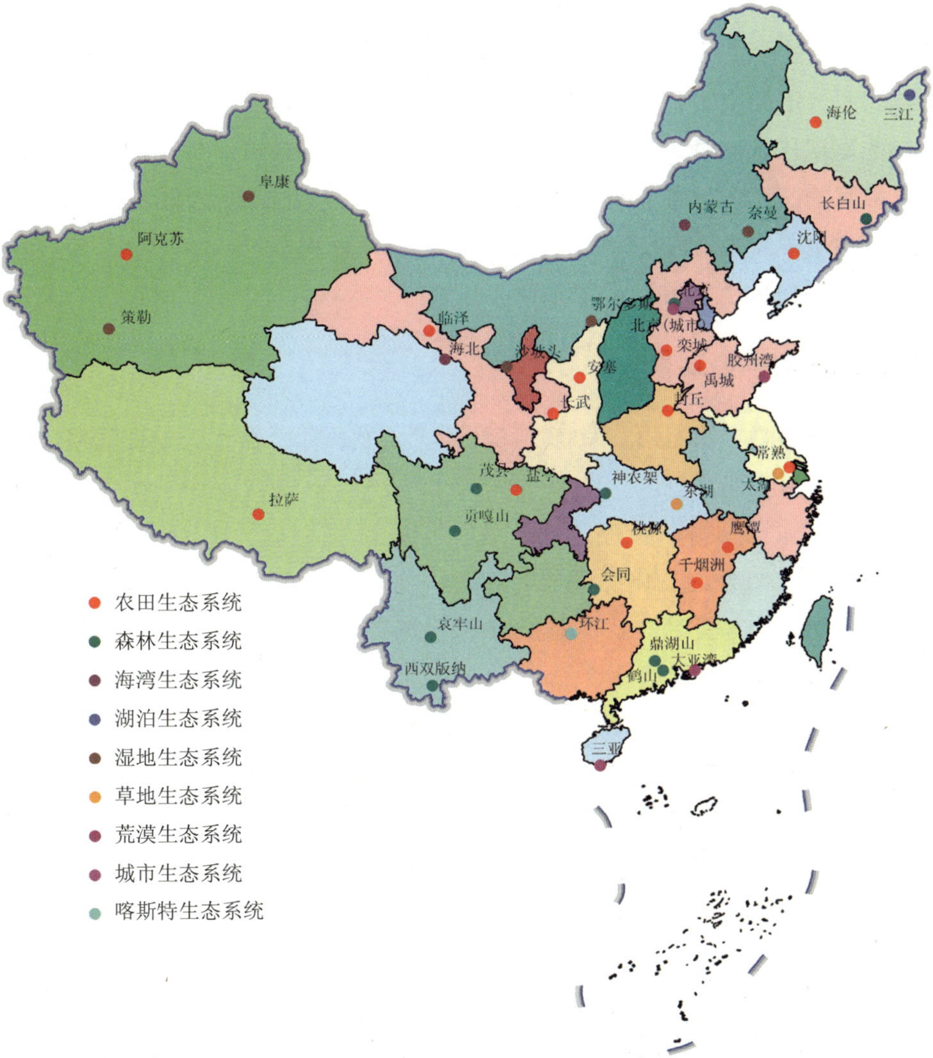

图 5.21　CERN 生态站分布图

① 杨萍、于秀波等，2008，中国科学院中国生态系统研究网络（CERN）的现状与未来发展思路，中国科学院院刊，23（6）：555-562.

CERN 主要有三个目标：一是通过开展长期动态监测、生态试验、遥感和模拟等各种方法获得有关生态系统变化的科学数据；二是研究不同生态系统的结构、功能和过程在全球变化和人类活动的影响下发生的变化状况；三是为决策者提供全国生态系统管理、农业生产和生态修复的技术和科学建议。

CERN 的建立是我国生态系统监测与研究工作的一次飞跃，它克服了单个生态站监测和研究的局限，使得在国家尺度开展生态学对比研究和综合研究成为可能，为国家的宏观决策提供更全面、系统的科学数据。在过去 20 多年时间里，孙鸿烈院士、陈宜瑜院士、沈善敏研究员、赵士洞研究员等一大批科学家为 CERN 的建设和发展做出了杰出贡献。CERN 已实现了制度化、规范化、标准化管理，成为国家尺度上的生态系统观测与研究网络①。

5.5.2 CERN 的核心功能

CERN 的核心功能是生态系统监测、研究、示范。近年来，数据管理与共享、能力建设也日益受到重视。

（1）生态系统监测

对生态系统组分的变化开展长期监测，对于确认和应对各种环境问题必不可少。CERN 的核心任务之一就是基于 40 个生态站，开展对中国主要陆地和水生生态系统（如农田、森林、草地、荒漠、湿地、湖泊、海湾等）的生物环境要素的长期生态监测，为科学研究提供有关主要生态系统类型状况的最新信息。

此外，CERN 部分生态站还对重要的生态过程，如生态系统的能流和物流（如碳循环、水收支、氮素交换和平衡等）进行观测，满足政府部门不同研究计划的特殊需求。CERN 生态站的长期监测不仅提供有关地区和全国尺度的生态和环境变化信息，同时也提供一个作为开发和应用新的生态技术和方法，以及通过地面观测和遥感观测对生态模型进行验证的平台。

（2）长期定位研究

中国的国土面积在全世界位居第三，占全球土地总面积的大约 6.5%，南北相距约为 5 500 km，东西相距约为 5 000 km。中国的气候类型和生物群系多种多样，分布在不同的经纬度和海拔地区中。从南到北气候区依次划分为热带、亚热带、温

① B. J. Fu，S.G Li，X. B. Yu，et al.，*Chinese ecosystem research network：Progress and perspectives*. Ecological Complexity，2010，7（2）：225–233.

带、中温带和寒温带，从东南到西北则依次划分为湿润、半湿润、半干旱和干旱地区。有“世界屋脊”之称的青藏高原常年为高海拔干草原所覆盖，并分布着众多的山系和大面积的咸水湖。因此，为了完善生态系统管理，需要在局地尺度上开展长期监测和试验，持续积累科学数据和知识。CERN 的各个生态站已针对典型生态系统（森林、草地、农田、水生系统和湿地）的结构和功能变化及生物地球化学循环（如水和养分循环以及能量平衡等）开展了大量的定位观测和研究工作。

长期定位观测与研究是生态系统管理的基础，因为生态系统变化是一个长期缓慢的过程，其变化规律只有通过长期定位监测和研究才能发现，一些极端事件也只有通过长期定位研究才能抓住。过去几十年，人们对全球气候变化、活性氮和活性磷的过量排放等全球环境问题的认识不断加深[①]，不仅中国受到气候变化等全球变化的影响，而且越来越多的国家也在期待中国政府制定环境治理的目标和措施。CERN 的长期定位生态站已经为分析景观尺度的碳源汇提供了科学基础，今后应加强诸如过量活性氮磷和大尺度大气污染等新问题的研究。这种长期研究的知识积累可以降低中国环境问题的不确定性，提高环境风险管理水平，维护中国应对生态环境变化的国家利益。

（3）生态系统恢复与管理示范

中国人口众多，但自然资源的人均拥有量很少。从 1978 年改革开放以来，在过去的 30 年间，中国的年经济增长率一直保持在接近 10%的水平。不过，随着经济发展和人口的增长，资源匮乏、环境压力和环境变化等问题已成为制约中国可持续发展的重要瓶颈[②]。在某些情况下，经济增长已对自然和人工生态系统带来了严重的影响。

因此，恢复受到人为干扰的生态系统已成为中央和省级政府所面临的重大挑战。CERN 生态站所提炼和总结的生态系统优化管理模式，在黄土高原生态恢复工程中得到推广和应用，并带来了明显的经济与社会效益，就是应对这种挑战的例子。通过 CERN 生态站开展的示范活动，研发用于退化生态系统恢复和重建的实用技术和知识，并通过社区和地方政府加以推广和应用。

（4）数据管理和共享

---

① J. Rockström，W. Steffen，K. Noone，A. Persson et al.，*A safe operating space for humanity*，Nature，2009，461：472-475.

② B. J. Fu , *Blue skies for China* , Science , 2008 , 321：611.

CERN 已通过其生态站采集了大量监测和观测数据，并在综合研究中心建立了集中式数据库。为了更加有效地管理好这些数据，为学者和研究人员提供更好的服务，CERN 开展了大量的工作，按照生态系统类型（包括农田、森林、草地、水生系统、荒漠、湿地等）对 CERN 所有生态站的长期监测技术进行了标准化。这些用于数据采集、传输、存档、分析和发布的标准技术和方法适用于 CERN 所有的生态站，并出版了《CERN 监测数据标准和技术规范》。

（5）能力建设

能力建设是提高 CERN 自主创新能力和核心竞争力的关键，坚持以提升综合研究能力，促进成果产出为目的，重点开展基础设施、人才队伍、制度与文化建设等。CERN 的建设采用了顶层设计、系统组织、分期分项目实施的总体设计和管理模式，与世界其他国家生态网络相比，更强调网络的整体性和总体目标、观测仪器设备和观测方法的标准化、数据格式的统一、数据质量的控制、数据共享和数据的综合分析、综合和联网研究。在管理体制上，中国科学院成立了 CERN 领导小组、科学委员会和科学指导委员会等管理机构。管理和运行机制进一步完善，各类指标体系、野外观测规范、数据管理与共享、考核与质量评估等相继出台，修订了相关的章程、条例和办法，来规范 CERN 的运行。

2005 年，在科技部启动的生态与环境国家野外科学观测研究站建设工作中，首批 33 个 CERN 生态站入选生态与环境国家野外科学观测研究站，目前 CERN 已有 36 个生态站入选生态与环境国家野外科学观测研究站。

5.5.3 基于 CERN 的生态系统优化管理

CERN 的生态站几乎涵盖了中国所有的典型生态系统类型，如农田、森林、草地、荒漠、湿地、湖泊、海湾、城市生态系统等。其特点在于强调对生态系统的长期格局和过程的认识，不同站点之间的对比研究，以及与国内外不同机构和网络之间的数据共享等。通过 20 多年的发展，CERN 在国际生态监测、研究和应用领域发挥着越来越重要的作用。

（1）以实证为基础的生态系统管理

CERN 通过几十年的“监测、研究与示范”工作，总结出了一些生态系统优化管理的示范模式，这些模式大多在计划经济条件下研发，增加粮食生产或提高植被覆盖率等是当时生态系统管理示范所追求的重要目标。近年来，许多科学家通过系统的监测与试验，不断发展和丰富生态系统管理模式。CERN 生态站把对生态系统的静态描述与短期调查变为长期动态的定位监测，把主要重视自然生态系统研究变为同时重视对人工林、人工草地等人工生态系统的研究，不仅探索了生态系统变化的客观规律，也把阐述规律与创建优化模式结合了起来，发展了基于观测和试验的、以实证为基础的生态系统优化管理的途径。观测与研究是建立成功示范与模式的基础，CERN 所开展的生态系统优化管理示范对经济社会发展和国家生态建设作出了重要贡献。

（2）基于 CERN 的生态系统优化管理范例

下面的几个例子充分显示了长期生态系统观测与研究对生态系统管理的价值。位于黄土高原的安塞站经过几十年的观测、试验与研究，取得了一批既可防治水土流失又可发展地方经济的科学认识和重要成果①。根据“囤粮寓田”的战略思路，提出了高效设施、农果、农牧和水资源高效等不同类型生态农业建设模式，提出了针对黄土高原不同区域和地貌单元的水土保持与生态建设模式、实施途径与配套技术措施，大大促进了黄土高原生态建设进程。

内蒙古草原站针对沙地、退化草地、天然草地和人工草地的各自存在的生态问题，制定相应对策与相应管理措施，进行沙地综合治理、退化草地恢复、天然草场合理利用和人工草地建植的试验示范工作。对于严重退化沙化草地，研究出“三分模式”。有关研究成果取得了显著的示范效果。CERN 的其他优化管理模式见表 5.8。

表 5.8　部分典型生态系统优化管理示范模式的总结

模式名称	针对的生态区问题	优化管理模式要点
千烟洲模式	南方红黄壤地区综合治理与农业可持续发展	丘上林草丘间塘、河谷滩地果鱼粮、畜牧水产相成链、加工流通两兴旺的千烟洲模式，及“林—果—经”、“林—牧—粮”、“塘库水陆复合生产系统”三个子模式
退化草地改良“1/10 功能置换”模式	锡林郭勒草地适应性管理与可持续发展	在水土适宜区集约化经营种植高产优质青贮饲料；在生产力中等区实施适度放牧、合理轮牧和延迟放牧利用为主的适应性经营管理；在严重退化天然草地区实行 3～5 年的围栏封育，并在降水丰富的年份松土补播

① Dang，X. H.　G.B. Liu，J.J. Wang et al.，*An analysis on economic characters of ecological rehabilitation in Zhifanggou Catchment in the Loess-Hilly region*，Chinese Human Geography，2009，24（2）：90-95.

模式名称	针对的生态区问题	优化管理模式要点
沙地植被恢复的“三分模式”	锡林郭勒草地适应性管理与可持续发展	1/3 的退化沙地需进行人为干预治理，另 2/3 的退化沙化草地尚有一定量的植被覆盖和土壤种子库，可通过封育进行自然恢复
高寒草地集约化生态畜牧业模式	三江源区高寒草地退化	资源的多级利用、循环再生和农牧耦合，即适度发展饲草料基地建设、草产品加工、舍饲集约化养殖和畜产品加工出口
鄂尔多斯高原“三圈”生态—生产模式	鄂尔多斯高原荒漠化土地可持续治理	在第一圈（硬梁地与高大的流动沙丘群）防护带的保护下，第二圈为软梁与中低沙丘的复合农林牧（草）系统，中间为高产农牧业绿洲核心圈，三圈大致按 3∶6∶1 的比例分布
沙坡头治沙模式	干旱沙区固沙植被防护体系的建设	“以固为主，固阻结合”的铁路治沙防护体系，包括铁路两侧的砾石平台（输沙防止铁路沙埋），植被固沙带（旱生灌木、半灌木为主），及阻沙带（固沙带外缘设立高立式沙障）
西藏高原农牧系统耦合模式	藏北高寒草原区沙化退化严重，草畜矛盾突出；藏南河谷农区农牧民收入低	南草北上、北畜南下，以解决藏北草地退化和藏南农民收入低的问题

资料来源：傅伯杰、于秀波①.

（3）生态系统优化管理展望

在中国，复杂的自然与社会经济条件加大了可持续发展的压力。在国家生态保护与建设的新形势下，CERN 生态站的优化管理示范的重点主要有三个方面②：

一是开发新的生态系统优化管理模式。发挥 CERN 生态站与区域发展目标紧密结合的监测、研究、示范体系的优势，在原有优化管理模式开展长期研究和实验同时，针对当前本生态区的生产实践问题进行专项试验和研究，开发新的优化管理模式，为当地生产实践提供指导，搭建科学家与地方决策者之间交流与对话的桥梁。

二是开发多要素综合的生态系统优化管理模式示范。我国的生态保护与恢复工作已进入从单要素管理到综合管理的新阶段，在对单项生态要素深入的实验研究的

---

① 傅伯杰、于秀波（主编）2010. 基于观测与试验的生态系统优化管理. 北京：高等教育出版社，i-vii.

② 中国生态系统研究网络科学委员会，2008，中国生态系统研究网络发展战略规划（2008～2020），中国科学院，北京.

同时，必须多个要素进行综合研究，综合各类技术和知识，形成生态效益和经济效应相统一的生态系统管理模式，使模式更具推广的可能性。

三是为政府部门提供国家层面的基础数据，以便更好地管理中国目前和今后新出现的环境问题，并在全球环境谈判中维护中国的国家利益。这些新的环境问题包括气候变化、氮污染、生物多样性丧失和旱涝灾害等。

5.5.4 CERN 的经验

（1）面向国家需求，开展监测、研究与示范工作

CERN 的发展与不同阶段的国家需求密切联系，针对国家生态建设的主要问题和关键技术，在关键区域开展监测、研究与示范工作，开发适合当地的生态系统优化管理模式，为生态恢复和贫困地区老百姓的生计找出路，实现社会效益、经济效益和生态效益的有机统一。

（2）注重观测指标和方法的规范化，开展数据质量控制与共享

CERN 通过制度建设，不断完善 CERN 的监测指标、技术方法和规范，并通过水、土、气、生各个要素动态观测仪器设备的统一购置和更新，确保监测研究数据的质量和可靠性。建立和完善 CERN 层面的管理制度，促进了 CERN 数据的管理和共享。针对 CERN 发展中的关键问题，其中包括组织机构、学科目标、核心研究领域、能力建设和政策保障等，进行了科学严谨的顶层设计和战略规划。

（3）重视新技术、新方法的应用

CERN 将物理、化学、生物、信息、材料等学科的新技术、新方法应用到生态监测、研究工作中，与现有的野外观测试验设施相结合，研发监测技术、数据传输和共享技术，提升 CERN 的监测与研究的技术水平。

（4）积极与国内外组织与机构建立良好的合作伙伴关系

CERN 与农业部、教育部、国家林业局等所属生态站建立了良好的合作关系，在长期专项观测、大型控制实验联网研究、数据管理与共享等开展广泛的合作与交流。扩大与生态站所在地区的大学和研究机构的科技合作，面向地方科技需求，成为所在区域科技创新体系的重要组成部分。同时，开展与国际长期生态研究网络（ILTER）、美国长期生态研究网络（US-LTER）、英国环境变化网络（ECN）、欧洲长期生态研究网络（LTER-Europe）等之间的交流，借鉴国际长期生态监测与试验新理论、新技术和新方法，在生态系统监测、全球变化和生物多样性等领域开展实

质性的双边或多边科技合作与交流，增强国际化视野，提高国际地位与竞争力。

5.5.5 政策建议

（1）建立生态系统恢复和可持续发展的优化管理模式

基于对全球和地区生态系统变化的全面认识，评估中国主要生态系统在人类活动和气候变化双重影响下的结构和功能变化状况。研究中国不同地区不同生态系统的退化过程和恢复机制，建立生态系统恢复的关键技术和示范模式。基于生态系统生态学的原则，制订恢复退化生态系统的技术行动计划、生态途径和综合方法，评估主要生态工程项目的实施效果。为缓解因人口增长和经济快速发展给中国生态环境带来的压力，应开展对区域生态系统与社会经济系统之间相互作用的综合研究，为地区自然利用、生态环境保护和社会经济发展的决策提供科学支撑。

近年来，我国实施了许多重大生态建设工程，处于从生态退化向生态恢复过渡的新时期。CERN 生态站应针对国家与地方需求变化和生产实践问题，充分认识现阶段示范工作的重要性，在生态系统监测和研究的基础上，积极开展针对性的示范工作，提炼所在区域生态系统管理优化示范模式。

生态系统优化管理示范的重点：一是恢复退化生态系统结构和功能的方法和机制；二是生态脆弱地区生态恢复的关键技术和优化管理模式；三是评估中国主要生态工程项目实施效果的方法和标准。

（2）加强国家生态系统监测与评估能力建设，为生态系统可持续管理提供科技支撑

将全国不同研究机构的监测体系融为一体，建立一个在全国范围内开展生态系统监测、研究、评估和示范的机制和能力，并提供更为有效的“预警”能力，建立和完善全国和关键区域生态系统状况的可测量、可核查、可报告的监测与评估体系。

一是总结中国生态系统研究网络的经验和做法，促进国家生态系统野外科学观测研究网络建设和发展。借鉴 CERN 的经验和做法，我国成立了国家生态系统野外科学观测研究网络，目前，应进一步加强能力建设，完善区域布局，提供长期稳定的经费支持，为我国生态系统可持续管理提供关键科学数据、优化管理示范模式和关键技术。

二是开展国家生态系统状况周期性评估。基于国家生态系统研究网络和对地观测体系的生态系统综合模拟分析平台，分析脆弱生态系统问题演变态势，客观评价

我国生态系统服务的变化过程，开展五年一次的综合评估，为国家每个五年计划提供全国生态评估报告和相关决策支持依据。

三是建立关键区域生态系统监测评估体系。此前，CERN 已对各种生态系统服务进行了评估，为生态系统可持续管理和减缓气候变化提供了科学的生态信息。今后，应建设关键区域生态系统空—地一体化监测体系，实现关键区域生态系统的连续系统监测，全面把握生态系统变化态势和生态建设工程所取得的生态成效与存在问题，提出具有针对性的应对方案，为生态保护与恢复重建提供科技支撑。

四是充分发挥生态系统长期监测与研究的作用，应对新的全球环境问题与挑战。这些全球环境问题包括全球气候变化与适应性、碳汇管理、氮沉降与氮排放等。

（3）与其他发展中国家分享生态系统监测与管理的经验

联合国环境规划署（UNEP）与中国科学院已经启动了“国际生态系统管理伙伴计划”（IEMP），该计划旨在促进全球生态系统与生物多样性管理及其与绿色经济的融合，通过生态监测与能力建设、综合知识管理、科学决策、技术研发与示范等活动，与世界其他发展中国家分享生态系统服务与管理的知识和经验。

建议中国政府及有关部门支持该伙伴计划，有效传播 CERN 的知识、技术和做法，并通过该伙伴计划改进中国的对外援助政策和生态系统管理，重点有三个方面：

一是合理配置国际援助和国际合作经费，支持在发展中国家和地区建立生态系统研究网络，例如非洲生态系统研究网络、区域温室气体通量观测网络等。

二是加强与联合国环境署和其他双边及多边政府机构在生态系统服务与管理方面的交流与合作，特别是政府间生物多样性与生态系统服务委员会（IPBES）、减少毁林及森林退化导致的碳排放（REDD）以及生态系统对气候变化适应性等方面的合作。

三是开展扎根中国的国际生态系统管理中心的设施与能力建设，使其具有为非洲和东南亚等发展中国家提供生态系统服务与管理培训的能力。

6 生态系统服务和管理的国际经验

6.1 生态系统服务概念的发展及其在主要机构的应用

现代“生态系统服务”概念可追溯到20世纪70年代。那时领衔的科学家们就开始将持续增长的全球人口和消费与其对自然资源和生态系统的压力联系在一起，而生态系统服务概念在那时就被理解为社会对自然依赖的交流工具。随后，生态系统服务概念发展迅速，直至现在包含了经济和社会因素，甚至精神和文化因素，并且为许多国家的决策者在提高人类福祉和可持续发展中实施有效政策提供帮助。

1997年，两篇重要文献的问世成为生态系统服务概念兴起的里程碑。一是概述了生态系统服务的主要类型，及维持生态系统服务的主要威胁及评价[①]；二是对全球生态系统服务的总价值进行了初步估算，认为其价值大约为30万亿美元/年[②]。这个数字激发了生态系统服务经济价值估算论战的热潮。

生态经济学在“生态系统服务”这个概念的进一步发展中发挥了关键作用。它明确阐述生态系统功能对人类的益处意味着生态系统提供了人类重要的服务，并且这些服务应该以其所提供的商品和服务来估价。关于生态系统服务总体经济价值的生态经济学带来了生态系统功能、物品和服务评估的发展。生态系统功能被定义为:“生态系统通过各种自然过程和组分直接或间接提供产品和服务以满足人类需求的

---

① G. Daily, C. Alexander, et al., *Ecosystem Services: Benefits Supplied to Human Societies by Natural Ecosystems*, Issues in Ecology, 1997, 2: 1-18.

② Robert Costanza, Ralph d'Arge, et al., *The value of the world's ecosystem services and natural capital*. Nature, 1997, 387: 253-260.

能力。”[①] 根据这一定义，生态系统功能是生态系统结构和过程的一部分，每项生态系统功能都是各生态过程的自然结果。而这些生态过程是生态系统中生物与非生物环境相互作用的结果。

De Groot[②]将生态系统功能分为五大类（调节功能、提供栖息地的功能、生产功能、信息传递功能、载体功能）。每个功能提供的服务可以归为如下几类：

- 维持基本生态过程和生命支持系统
- 为野生动植物提供栖息地（合适的生存空间）
- 自然资源供给
- 为认知发展提供机会
- 为人类活动和基础设施提供合适的基础和媒介

千年生态系统评估（MA）精练并完善了 De Groot 的分类，将生态系统归为四类，即支持、供给、调节和文化（见表 6.1）。MA 还编制了一个新的文件，分析和理解环境变化对生态系统和人类福祉影响的新的概念框架。这个概念性框架通过生态系统服务这一视角，分析了生态系统所提供的服务，这些服务是如何使人类受益，人类行为如何改变生态系统及其服务。尽管这一概念性框架暂不成熟也不完整，但是 MA 的分类研究提供了一套宽泛的、涵盖各种生态系统类型和生态区的可相互比较的各类生态系统服务。它揭示了人类社会与自然生态系统之间相互作用的复杂性和多样性，揭示了对生态系统服务产生认识的不足，也提出了对生态系统服务监测的需求。

自 1997 年 Daily 等的开创性书籍《自然的服务》出版，学术领域与生态系统服务有关的出版物数量从 1997 年的 255 种增长到 2007 年的 3 080 种[③]。2001 年，千年生态系统评估（MA）的发行成了一个重要的里程碑，它成了评估世界范围内生态系统状态的一项全球行动，超过 1 300 个科学家参与了该评估[④]。2005 年 MA 发行了系列报告，也刷新了参与评估人数的纪录。

---

① R. De Groot et al., *A typology for the classification, description and valuation of ecosystem functions, goods and services*，Ecological Economics，2002，31（3）：393-408.

② 同上。

③ B. Searle and S. Cox 2009 *The State of Ecosystem Services.* The Bridgespan Group Inc.，USA.

④ http：//www.millenniumassessment.org/en/index.aspx.

表 6.1 生态系统服务的千年生态系统评估分类

供给服务	淡水 食物（农作物、水果、鱼类等） 纤维和燃料（木材、羊毛等） 基因资源（用于农作物或动物繁殖、生物技术） 生物化学品、天然药品、医药品 装饰性资源（如贝类、鲜花等）
调节服务	空气质量调节 气候调节（局部地区气温和降水、温室气体吸收等） 水文调节（径流的时空分布、洪水等） 自然灾害调节（如暴风雨保护） 害虫控制 疾病控制 侵蚀控制 水净化和废水处理 授粉
文化服务	文化遗产 娱乐和旅游 审美价值 精神和宗教价值 艺术灵感、民间传说、建筑等 社会关系（如捕鱼、放牧、务农社区）
支持服务	土壤形成 初级生产力 营养循环 水循环 光合作用（制造大气中的氧气） 提供栖息地

千年生态系统评估报告的发表进一步强调了人类福祉对生态系统的依赖性，并且提供了全球生态系统服务情景的最佳理解。这是生态系统服务概念发展史上的一个重要里程碑。该报告强调更好地描述、量化和评价（从生态学的观点、文化和经济的角度）生态系统和生物多样性带来的商品与服务的重要性和效益。更重要的是，该报告还确定了世界生态系统面临的挑战和机遇，其中最突出的部分如下：

（1）进行评估的 60%生态系统服务正处于退化或不可持续的状态（图 6.1）。有改善的主要生态系统服务基本与农业和食品生产相关。

向上的箭头表示该生态系统服务在全世界范围内得到了增强，向下的箭头则表示该服务功能出现了退化。表中列举的3种生态系统服务“增强”及“退化”的定义，已在注脚中说明。由于支持服务，如土壤形成及光合作用，并非直接受用于人类，因此未在表内列举。

服务	次类别	状态	注释
供给服务功能			
食物	作物	▲	生产大量增长
	家畜	▲	生产大量增长
	捕捞渔业	▼	过度捕捞以致生产下降
	水产养殖	▲	生产大量增长
	野生食物	▼	生产下降
纤维	木材	+/—	一些地区的森林丧失，另一些地区有所增长
	棉花、大麻、丝绸	+/—	一些纤维的生产下降，另一些却有增长
	薪材	▼	生产下降
基因资源		▼	因绝种及作物基因资源丧失而有所损失
生物化学、天然药物、药材		▼	因绝种、过度收采而有所损失
淡水		▼	在饮用、工业及灌溉上未得到可持续地运用；水力发电量维持不变，但水坝增加使用能源的能力
调节服务功能			
调节空气质量		▼	大气自我净化的能力减退
调节气候	全球	▲	自中世纪以来的碳封存净量有所增加
	地区及本地	▼	负面影响占大多数
水调节		+/—	随生态系统及地点转变而变更
土壤侵蚀控制		▼	土壤侵蚀增加
净化水质及废物处理		▼	水质下降
控制疾病		+/—	随生态系统转变而变更
虫患控制		▼	使用杀虫剂导致自然调控能力减退
传播花粉		▼	全球大量花粉传播媒介在明显地减少
自然灾害控制		▼	丧失天然缓冲区（湿地、红树林
文化服务功能			
精神与宗教价值		▼	宗教性的树丛及品种迅速减少
审美价值		▼	自然土地的数量及质量下降
休闲与生态旅游		+/—	人类可到达更多地区，但当中很多已经退化

备注：我们界定供给服务功能的增强，是代表提供服务的地区经历改变后增加生产服务（如农地扩展），或每单位面积的产量有所增加。至于评定为生产退化，即表示当前对服务的使用已超过可持续发展的程度。对调控服务功能而言，服务提升表示该服务经历改变后，为人类带来更大利益（例如通过根除那些向人类传播病毒的已知媒介，从而改善疾病控制服务的功能。而调控服务功能下降则代表从服务获得的利益减少，这可以是透过服务的转变（例如红树林丧失减少了生态系统可享用风暴防护的益处），或因人类给予服务的压力已超出它的阈值（例如过量污染大大超过生态系统维持水质的能力）所造成。至于文化服务功能，服务功能下降即代表生态系统特点的转变，导致生态系统提供的文化（娱乐、审美、精神等）利益减少。

图 6.1　千年生态系统评估所评估的生态系统服务的全球状况

（2）过去50年中，人类改变生态系统的速度和广度超过了以往任何时期。

（3）生态系统服务的改善，如农作物、木材、水资源等的供给的改善，对人类福祉和经济发展作出了极大的贡献。但是这些利益是以其他生态系统服务的极大退化为代价的。

（4）生态系统服务的退化在不远的将来会更加严重，这是实现联合国千年发展目标的一大障碍。

（5）要改变生态系统退化的现状，同时满足不断增长的需求，就需要重大的政策和体制改革。

近年来，越来越多的世界主要机构使用生态系统服务概念。IUCN世界保护区大会（德班，2003年9月）和世界自然保护大会（曼谷，2004年11月）也强调自然及自然资源保护中包含生态系统服务理念的必要性。国际科联理事会（ICSU）已经提议了一个10年计划，比较不同文化环境中同类的生态系统。专栏6.1提供了主要国际组织采用的一些例子。

专栏6.1　国际上有关生态系统服务的主要评估

近期，全球和大区域尺度正在进行一系列的评估，将生态系统服务考虑作为评估的重心和重大要素。

千年生态系统评估[①]

2005年发布的千年生态系统评估（MA）评估了与人类福祉相关的生态系统变化的结果。MA包含一个全球评估和34个亚全球评估，评估了生态系统变化对人类的影响。MA采用了生态系统评估的一种新途径：1）社会和自然科学家团体的携手工作；2）针对生态系统服务及其与人类福祉和发展的联系；3）对新发现的鉴定甄别。MA评估结果突出了人类活动对迅速衰竭的生态系统服务造成的压力，也阐明了通过政策和实践采取切实的行动改善生态系统服务的可能性。

农业科技发展的国际评估[②]

农业科技发展国际评估（IAASTD）是一个各国政府间协作的过程，是评估农业知识、科

① www.MAweb.org.

② www.agassessment.org.

学和技术（AKST）的关联、质量和有效性，及相关公共和私营部门政策和制度的效果。IAASTD包含一个全球评估和5个亚全球评估，均使用了相同的评估框架。它强调通过向各国提供并使用农业知识、科学技术，以期望在减少饥饿和贫穷的同时，改善农村生活，促进公平的环境、社会和经济可持续发展。

政府间气候变化专门委员会[①]

IPCC于2007年发布了第四个报告，为决策者提供了一个关于气候变化的客观资料来源。和MA相似，IPCC没有进行任何额外研究或监测具体数据和参数，但是以一个客观开放和透明的方式评估了最新科学、技术和社会经济文献。IPCC第四次报告中，第二工作小组“影响，适应和脆弱性”及第三工作小组“缓解气候变化”报告中均提到了生态系统服务。第四次报告结果强调一些与生态系统相关的关键问题，如物种消失和生态系统服务减少将直接减少适应气候变化的可能选择。

干旱地土地退化评估[②]

干旱地土地退化评估（LADA）的目的是评估旱地土壤退化的原因、现状和影响，以改善全球、亚全球、各国和各地可持续发展的决策。LADA现在主要集中与开发工具和确定的必要数据，以确定退化区和亮点区（退化情况减缓或逆转的地方）的现状、趋势和热点。

全球环境展望[③]

全球环境展望（GEO）是UNEP正在进行的一项全球环境评估。第四次GEO评估（GEO–4）发表于2007年，包括全球评估和亚全球评估。GEO–4为决策者提供了关于环境、发展和人类福祉的信息。

全球环境评估计划[④]

这是个国际上各学科间共同努力的评估，目的在于了解使用大量科学信息塑造大规模环境变化下社会反应的作用。全球环境评估计划主要利用支持国际决策的各类大量评估——从IPCC周期性报告、全球生物多样性评估，到千年生态系统评估（MA）。这个计划关键是理解各类环境评估项目对自然—社会界面上的大规模响应的影响，这类评估的进行如何改变环境变化的实际影响。全球环境评估计划旨在促进达成理解共识，调动科学信息以制定更有效的

---

① www.ipcc.ch.

② http：//lada.virtualcentre.org/.

③ www.unep.org/geo.

④ www.hks.harvard.edu/gea/geadescr.htm.

政策。全球环境评估计划试图从参与评估的科学专家、各层面使用这些评估的决策者和受这些评估影响的社会团体的角度来考虑这些问题。

英国国际发展署生态系统服务与扶贫（ESPA）

生态系统服务与扶贫 ESPA 计划是将国际发展部（DIFD）、自然环境研究委员会（NERC）和经济社会研究委员会（ESRC）共同发起的一个计划，拟实施一个 7 年的多学科研究计划，总预算 4.05 千万英镑。ESPA 是在与环境变化共生伙伴计划（LWEC）的框架（www.lwec.org.uk）下设立的。ESPA 寻求证据，以体现生态系统服务对可持续扶贫的联系和生态系统服务价值，从而使决策者与公众能利用这些知识改善生态系统管理。

联合国大会已为千年生态系统评估（MA）全球局部评估（SGA）[3] 赋予了使命，即主要专注必要的针对局部地区的分析，为当地提供切实有效的可持续生计和保护政策相关的决策支持。已有大约 40 个官方注册的 MA SGAs。在这 21 个评估中，有 33%已经完成，57%正在进行，10%刚刚开始。

联合国大会，包括生物多样性大会（CBD），关于国际重要湿地的大会（拉姆萨尔公约）和 UNEP 正筹建的基于生物多样性和生态系统服务的政府间平台（IPBES），均将生态系统服务列入重要的国际议程。

世界各国政府举办了一些国际会议，如 UNEP 第一届、第二届和第三届各国政府专门委员会会议和 IPBES 的多方利益相关者会议（http://www.ipbes.net），且 IPBES 于最近构建了框架。IPBES 的确立代表了就生物多样性和森林减少，淡水、珊瑚礁和其他生态系统消失而组织的一个全球响应获得重大突破，因为这些生态系统形成了支持地球上所有生命的万亿美元的服务。IPBES 将联合国组织、研究中心、大学及其他组织进行的与生物多样性和生态系统服务相关的各类报告和评估统一起来。因此，它为生态系统服务概念设置了这个平台以便用于全世界政策的评估和估价。

6.2 生态系统服务管理与相关公约

自 20 世纪 90 年代初以来，许多国际组织采纳和实践了生态系统服务及其管理。湿地公约大会早已认识到了评估湿地生态系统服务的重要性，此湿地生态系统服务评估是为了透彻的规划和决策。1996 年湿地公约第六次缔约方大会（COP6）上第一个战略计划包括一个具体的操作目标，即提升湿地生态系统服务和通过宣传评估方法提升评估生态系统功能。为此，Ramsar 秘书处于 1997 年发表了《湿地经济评估:政策制定者和规划者指南》[①]。许多不同的方法可以用于评估湿地生态系统服务的不同方面，以及不同目标的评估。《湿地公约》缔约方大会和《生物多样性公约》缔约方大会联合发表了《湿地评估》（拉姆萨尔技术报告 3 和生物多样性大会技术系列丛书 27），为湿地生态系统服务评估提供了许多必要的指导。

2000 年 5 月《生物多样性公约》第五次缔约方大会（COP5）采纳了决议 V/6，认为生态系统服务和管理是实现可持续发展的途径之一，这为向此途径转变奠定了基础。第五次缔约方大会签署了生态系统方法及其操作原则，并号召各国政府和国际组织将生态系统方法应用到面向可持续发展的自然和自然资源保护中去。随后，第五次缔约方会议颁布了一套原则（见专栏 6.2）来指导生态系统方法的应用。

专栏 6. 2　《生物多样性公约》所采用的生态系统方法的 12 项原则

原则 1：土地、水和生物资源管理的目标是一个社会选择问题。

原则 2：应将管理权下放到最低的、适当的层面。

原则 3：生态系统管理者应考虑其活动对相邻和其他生态系统的（实际和潜在）影响。

原则 4：考虑到管理可能带来的利益。

原则 5：保护生态系统的结构和功能，以维持生态系统服务，这是生态系统方法的首要任务。

原则 6：必须在生态系统的功能限度内管理生态系统。

原则 7：应在适当的时空范围内应用生态系统方法。

原则 8：由于生态系统过程具有的不同的时间尺度和滞后效应，生态系统管理的目标应当是长期性的。

原则 9：管理必须认识到变化的必然性。

原则 10：生态系统方法应寻求生物多样性保护和利用的适当平衡与统一。

原则 11：生态系统方法应考虑所有形式的相关信息，包括科学知识、乡土知识、创新做法和传统做法。

原则 12：生态系统方法应让所有相关的社会部门和学科参与。

---

① E. B. Barbier，M. C. Acreman，et al. 1997. *Economic valuation of wetlands：a guide for policy makers and planners*. Ramsar Convention Bureau，Gland，Switzerland.

根据生态系统方法的第五条原则，为了维持生态系统服务，生态系统结构与功能的保护是生态系统方法的首要任务。生态系统功能和恢复力取决于物种内部、物种之间、物种与非生物环境之间的动态关系，以及取决于环境中的物理和化学作用。

在《生物多样性公约》的指导下，许多缔约方和国际组织在湿地等生态系统的生物多样性评估方面做了大量工作。2001 年《生物多样性公约》第八次缔约方大会（COP8）为生物多样性及其资源和服务评价工具的应用提供了一些选择。确定了一些可供选择的工具（决议 VIII/25 附录）。2001 年《生物多样性公约》秘书处出版了一个森林生态系统评价报告[①]，以及一个关于生物多样性评价方法与工具的出版物[②]。这些评价对生态系统服务与管理都非常重要。

尽管千年生态系统评估不是一个正式的协议，MA 是一个开创性的国际合作项目和里程碑，由包括中国在内的全世界 3 000 多个科学家负责评估地球自然资源基础的状态[③,④]。MA 分析综合和评估了生态系统结构、生物多样性和地球生态系统运行的状态。它预估了过去、现在和未来生态系统为社会提供物品和服务的能力，将全球范围、区域和地方人类福祉与生态系统服务联系起来（见图 6.2）[⑤]。MA 发现大部分生态系统服务都处于衰退的状态，而这不再被漠视。无论是公众和个人决策者，如继续忽略生态系统和人类福祉之间的联系，都将威胁我们长远发展目标的实现。

2007 年联合国环境规划署（UNEP）召集了由许多 MA 的最初合作伙伴参加的会议，确定了一系列以便有效地跟进 MA 的行动计划。这次会议建议把 MA 编制的将生物多样性与生态系统服务以及人类福祉联系起来的概念性框架，作为后续的生态系统评估中出发点。并且，建议所有的后续行动应当使用生态系统服务这个“镜头”来透视人类的发展前景。此外，还建议加强生态系统科学与政策制定的结合。为了加强生态系统科学与政策的结合，联合国提议建立一种新的机制，以便根据已有的科学咨询团体的要求来定时定期地提供与政策相关的科学信息。新的机制将联

---

① Secretariat of the Convention on Biological Diversity 2001 *The Value of Forest Ecosystems.*（CBD Technical Series No. 4）. SCBD，Montreal.

② Convention on Biological Diversity 2007 *An exploration of tools and methodologies for valuation of biodiversity and biodiversity resources and functions*（CBD Technical Series No. 28）. SCBD，Montreal.

③ MA.（2003）. *Ecosystems and Human Well-being. A Framework for Assessment.* Washington，DC，Island Press.

④ MA.（2005a）. *Ecosystems and Human Well-being. Synthesis.* Washington，DC，Island Press.

⑤ Stephen R. Carpenter，Ruth DeFries，Thomas Dietz，Harold A. Mooney，Stephen Polasky，Walter V. Reid，Robert J. Scholes，*Millennium Ecosystem Assessment：Research Needs Science*，2006，314：257–258.

合已有的科学-政策界面上的科学咨询团体，发挥其独特的作用，即提供可信的、独立的科学信息并成为主要的协调机构。

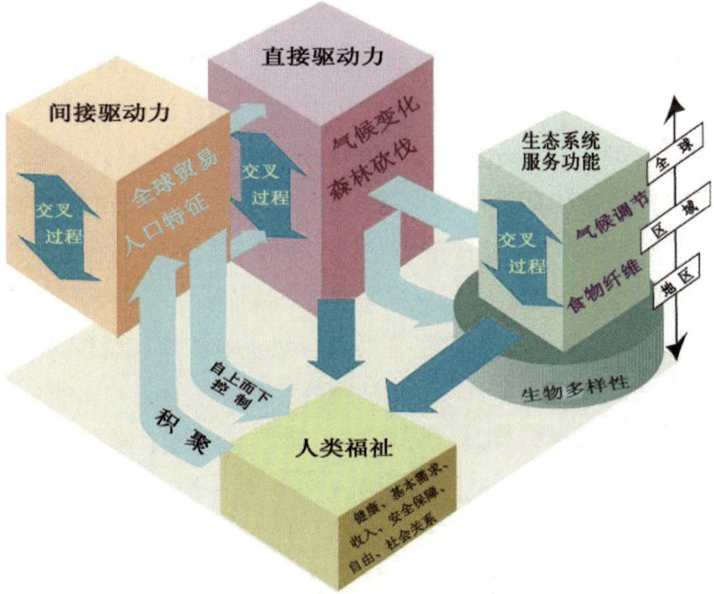

用修正改过的图来说明地区尺度、区域尺度和全球尺度之间的联系。亮蓝色的箭头表示适合进行政策干预的行动。

图 6.2 千年生态系统评估框架

国际机构咨询促进了关于生物多样化和生态系统服务科学知识的交换和国际社会协议并建立一个“关于生物多样性和生态系统服务的政府间科学政策的平台（IPBES）”。缔约国大会 IX/15 决定强化这种需求，也得到了联合国环境规划署执行董事的同意，召集并专设开放式政府间利益相关方会议来考虑建立一个关于生物多样化、生态系统服务和人类福祉相关的有效科学政策界面。来自 97 个国家政府和 50 多个组织的代表团会晤并支持建立此机制，此机制将在生物多样性保护和生态系统服务管理中发挥作用，这和气候变化领域的 IPCC 相似。

在建立 IPBES 之前，欧盟委托德国进行了生态系统和生物多样性经济学

(TEEB)[①]的研究，欧盟和德国政府于2007年联合启动了此生态系统和生物多样性经济学研究。此研究是对G8+5环境部长们的提议的一个回应，用以发起关于生物多样性丧失经济学的一个国际研究。现在，此研究正由联合国环境规划署管理，并得到欧盟的支持，最近欧盟、德国联邦环境部、英国政府环境食品和农业部、挪威外交部、荷兰房屋与空间规划和环境部也加入了此研究。TEEB征集全世界所有地区在科学、经济和政策领域的经验和专业知识，为生物多样性和生态系统服务不断丧失对持续增长影响的证据提供实际政策响应。

TEEB 强调的关键信息中的一点就是贫穷和生态系统与生物多样性减少之间的极端复杂的联系，也表明了几个千年发展目标是怎样由于对世界自然资本许多方面的忽略和退化而处于危险之中。根据TEEB，我们可以了解到，分析生态系统服务（包括生物多样性）价值强调了资金投入自然资本的内在价值。

TEEB的工作揭示了市场在充分考虑生态系统服务价值方面的失灵，生态系统服务不但与环境、发展和气候变化部门有关，而且对财政、经济和商务部门也有很大意义。大多数案例也表明，积极保护的选择也是一个经济常识问题。

据TEEB，当前生态系统与生物多样性丧失的规模正不断加大。仅热带雨林生态系统丧失就占了全球温室气体排放的五分之一，这些丧失的影响也远远超过气候变化。其他有价值的生态系统的丧失也直接影响食品、淡水和能源安全，所有这些都有可能在几年内成为影响所有国家的全球问题。

6.3 国外案例研究

世界各地有许多关于生态系统服务管理概念的例子。适应性管理是通过管理提高生态系统服务自主性成功的关键因素。对生态系统服务设置经济价值很复杂，但是通过对生态系统功能和不断改变的生态系统管理的成本和利润进行仔细研究也是有可能的，我们可以从其他案例中获得更多的经验。以下案例研究对生态系统的服务管理框架在不同生态系统的成功应用进行阐述。

---

① TEEB 2009 *The Economics of Ecosystems and Biodiversity for National and International Policy Makers – Summary: Responding to the Value of Nature*. http://www.teebweb.org/EcologicalandEconomicFoundation/tabid/1018/language/fr-FR/Default.aspx.

6.3.1 欧洲的流域综合管理——莱茵河与欧盟管理框架[①]

莱茵河是欧洲第二大河，全长 1 320 km，流域面积 198 000 km^2，河口年均径流量 2 220 m^3/s。莱茵河流域人口 5 500 万，是世界上最具经济重要性的河流之一。它的流域面积和人口与中国珠江流域接近。

a）重要性

由于莱茵河流经了工业区，工业对河流的污染非常严重。莱茵河拥有 11 座水力发电厂和 10 座拦河坝，年发电量达 85 亿 kWh。为了通航，莱茵河被裁弯取直，使得河长缩短了 40%。莱茵河上游的拦河坝可以拦蓄当地 60%的洪水，但是增加了下游的洪水风险。

b）现状和趋势

莱茵河流域生态系统服务管理的目标是为了改善河水水质、恢复本土动植物、防御和控制洪水。采取的措施包括减少点源和面源污染、修订耕地开发政策、恢复河流及其河岸带的生态环境。莱茵河流域的土地利用类型主要是建设用地、耕地、高密度森林、河流、沼泽和湿地。2000 年颁布的《欧盟水框架指令》致力于改善水生生态系统状态，确保水资源的可持续利用。生态系统服务的兴趣点是水质、水供给、防洪、航运和水力发电。该指令要求欧盟成员国在 2015 年实现水环境达到“良好的生态状态”。如果实现“良好的生态状态”的措施并不合算，各国有可能免受制裁[②]。该法令具有严格的实施期限要求，即所有的目标必须在 15 年内达到。

莱茵河生态系统管理的行动计划是非常成功的。莱茵河里绝迹的大马哈鱼又重新出现在上游法国境内的斯特拉斯堡。此外，从 1985—1996 年莱茵河的氮素减少了 35%、磷素减少了 52%、45 种污染物浓度都减少了 50%（包括镉）。[③]

c）汲取教训

莱茵河保护国际委员会（ICPR）成功的关键因素包括来自各成员国的平等而

① Extracted from Peter Kareiva，Beth Tellman，Rebecca Goldman，Emma Fuller and Michelle Marvier. 2009. *Ecosystem Services Management on Four Continents：Lessons for China.* Prepared for CCICED Task Force on Ecosystem Services and Management Strategy. Washington D.C.（Unpublished）.

② R. J. H. M. Van der Veeren & C. M. Lorenz，*Integrated economic-ecological analysis，and evaluation of management strategies on nutrient abatement in the Rhine basin.* Journal of Environmental Management，2002，66：361-376.

③ G. T. Raadgever，E. Mostert，N. Kranz，E. Interwies & J. G. Timmerman，*Assessing management regimes in transboundary river basins：do they support adaptive management?* Ecology and Society，2008，13（1）：14.

充足的资金、参与式的决策、可测量的目标和任务、创新的洪水管理等。ICPR 将短期目标与长期目标有机结合起来，这些目标既有结构性的目标（鱼道）又有非结构性的目标（限期禁用一些化学品）。关于水供给和污水处理的行动资金来自用水户，用水越多分摊的管理成本也就越多。这样，资金的来源和数量能很好地保障服务的规模与范围。

莱茵河案例所取得的主要经验包括：

- 设定具有时限性的、可测量的目标是至关重要的；
- 为了监测和跟踪实现目标的过程，必须建立一套监测体系；
- 资金使用范围必须与生态范围和收益范围相一致，这样利益相关方受益越大付费也越多；
- 必须有一个处理利益相关方之间矛盾的机制；
- 政策导向。

跨国流域管理要求建立一个国际协调机制。在莱茵河流域，莱茵河保护国际委员会起到协调成员国的作用（湄公河流域的生态系统服务管理也使用了相似的机制，湄公河流域委员会提供了国际协作框架。ICPR 签订了 2 个条约，用具体时间限制管理目标来阻止并最终逆转污染）。这些目标有切实任务，包括减少泥沙淤积，改善大马哈鱼栖息地和提供更多的饮用水。最近，更多的河流治理范例被应用于莱茵河生态系统服务管理。洪水风险减少管理模式给莱茵河足够的缓冲区来容纳洪水，延迟径流和减少对当地社区的危险。洪水管理是通过洪泛平原自然吸纳和储存过流实现的。

6.3.2 哥斯达黎加 PSA 计划①

1997 年哥斯达黎加启动了一个名为“Pago por Servicios Ambientales，PSA”的全国性生态系统服务补偿计划。PSA 计划目标定位在碳吸收、水质水量（用于饮用、灌溉和发电）、生物多样性保护、自然风光（用于生态旅游）。PSA 计划的资金来源很多，包括私人企业、世界银行、哥斯达黎加汽油税，分配给该计划的自愿参与者的资金大约每年 50 美元/hm^2 ②。PSA 计划被国际社会视为生态系统服务付费的典范，目前已经被推广到了墨西哥。

---

① https://www.cbd.int/doc/meetings/im/wsim-03/official/wsim-03-sbstta-14-inf-26-en.pdf.

② Stefano Pagiola, *Payments for environmental services in Costa Rica*, Ecological Economics, 2008, 65: 712-724.

（1）重要性

此计划目标是降低哥斯达黎加的森林砍伐率，从世界森林覆被率最高到2000年初森林净减少。1997年到2004年间，大约投资2亿美元生态补偿资金来保护460 000 hm^2森林，并建立森林农场，并为超过8 000个森林所有者提供额外的收入[①]。生态补偿是由一个半自治的机构来管理的。

（2）现状和趋势

有一些为上游流域管理服务向水使用者收取费用的成功例子，但是这种模式很难应用到补贴生物多样性和碳方面的维护费用。PSA计划期望从水力发电者和其他水资源使用者收取的费用至少部分支付生态补偿费。然而，因为没有法律要求，PSA管理者仅能通过与水资源使用者商议并达成了一系列协议。尽管初始进展很慢，有了环境服务证书（标准化保护特定地区一公顷林地的费用），这些操作过程不断合理化，签订的协议数量和支付费用均直线上升。在过去，水资源使用者只支付四分之一的保护成本费用（理由是，流域水资源管理只是森林提供的生态系统服务的四分之一），但是最近的协议要求其支付所有的保护成本和管理费用。

该计划开发了一种证书化的可交易补偿（Certifiable Tradable Offset，CTO），即为第三方认证的1 t碳减排量，并且该计划成功销售了价值2万美元的20万CTOs给挪威政府和挪威水力资源利用者财团。哥斯达黎加通过农林生态系统中的植树造林、森林自然更新和商业化植树，将61万t二氧化碳卖给了世界银行的生物碳基金会。

由于生物多样性和其他生态系统服务捆绑在一起，很难收取生物多样性服务的价值，大量的生物多样性收益均与流域管理的森林保护相关。该生态补偿计划在减缓森林采伐、增加森林和生物多样性的货币价值、增进对自然生态系统的经济和社会贡献理解等方面都起到了积极作用。

（3）汲取的教训

建立在已有支付体系上的生态补偿计划相对容易引进。而哥斯达黎加的PSA计划是建立在对已有森林补贴计划改革的基础上，且补偿依据是生态系统的供给服务而不是木材。生态补偿的资金来源由原先的政府预算转变为指定用途税和受益人支付的费用。据此发现，生态补偿的实施，若利用使用者付费要比政府财政资助要

---

① TEEB 2009 Reforming Subsidies. TEEB Report for National and International Policy Makers. *The Economics of Ecosystems and Biodiversity*. United Nations Environment Programme，Bonn，Chapter 6，: 1-34.

困难得多，这可能会限制补偿计划的可持续性。

在流域管理中实施生态补偿计划相对容易，而对生物多样性（难以测量）和碳（难以确定受益人）则更难。

（4）政策启示

哥斯达黎加的 PSA 计划已被大量研究和试点模仿。许多国家已有类似计划，对相关政策进行改革，如将某些补贴改为生态补偿形式。生态补偿计划需要监测并记录项目产生生态系统服务的过程，这对打算在全球碳市场出售碳资产的碳固定计划尤其重要。由于生态补偿的新颖和创新特性，这类计划应更灵活，并能学习经验教训和适应不断变化的环境。

6.3.3 日本地方政府的生态系统服务和管理①

尊重自然和生态系统深深扎根于日本文化，日本对生态系统服务的管理已经实践了很长时间，特别是对和森林相关的生态系统服务的管理。东京市政府自 1901 年就拥有并管理该市上游的森林。

（1）重要性

日本是一个多山国家，大约三分之二的土地被森林覆盖，其中一半的森林是人工林。总体上，当地政府负责生态系统服务管理，公司则负责开发森林资源，而生态系统服务的费用可由生态系统服务提供者和受益者直接商讨。例如，东京当地政府付费给某些公司，用以保护其流域内的森林。日本政府也对水资源使用收取特定用途的税收或收费。利用税收收入补偿流域内采取森林管理方法来保护水文调节服务的土地所有者。

（2）现状和趋势

生态系统服务贸易刚开始实施，日本环境厅就发布了一个试点性的碳交易计划。为了保护地下水，正尝试用工业用地下水返回为农业用水。开展与私营企业的直接谈判，让私营企业以自愿的形式为保护上游流域森林生态系统提供货币或实物贡献。自 2003 年起，有 29 个辖区引进了森林生态系统服务受益人的环境专用税收。其部分税收被指定用于直接支付保护关键地区的森林所有者进行森林管理。森林所有者为了得到该基金的补偿，也同意进行仅收获一半林木（择伐）的作业方式。在

① https：//www.cbd.int/doc/meetings/im/wsim-03/official/wsim-03-sbstta-14-inf-26-en.pdf.

许多辖区，森林管理由当地特定税收部分支持。税收产生的收入将用于森林疏伐和通过多树种种植将无人管理的人工林转化为自然混交林。

2007 年，邻近东京的神奈川辖区就引入了一项森林管理税收。税率基于对支付意愿的研究和对保护森林生态系统服务项目的费用预算。为合理设置该税收，就家庭税收成本和税收使用，政府与市民进行了广泛的磋商与听证。该税收也用于家庭污水管理、水资源保护、森林保护和恢复。

（3）汲取的教训

基于支付意愿调查而设置生态系统服务收费较为成功，且还应与市民就家庭税收成本和税收使用进行广泛的参与式磋商和听证。税收除了用于森林保护和恢复，还应用于家庭废水处理和水资源保护等。

（4）政策启示

在设定生态补偿税时，生态补偿计划的资金应与使用生态系统服务的边际成本相当，且税收水平应有利于有效落实可持续的资源管理。在日本，每个生态补偿系统都是独立实施的，各计划间没有很好地协调，这就降低了生态补偿计划的有效性。应改进或出台政策，确保在全国范围内更好地协调和实施生态补偿计划。

6.3.4 法国改善流域管理实践的补偿①

在法国，对温泉资源所在生态系统的水资源过滤和净化服务功能进行保护非常重要，这将减少商业风险和维持法国矿泉水行业的利益。以下案例阐述了生态系统服务管理、农业生产系统和商业的直接联系。

（1）重要性

20 世纪 80 年代初，一个销售天然矿泉水的世界领军者，面临着其重要水源地的自流泉中硝酸盐和杀虫剂含量不断增长的考验。为了应对该难题，他们实施了一个刺激计划促使农民主动改变做法。农民们被要求放弃种植玉米来喂养动物的模式，实施粗放的大畜牧场经营方式，减少畜牧承载量，将动物排泄物堆肥，放弃农用化肥，平衡动物比例来达到最佳禽乳生产和农场收益，并将农场建筑现代化。作为回报，农民们也得到了长期刺激性的补助。

① https：//www.cbd.int/doc/meetings/im/wsim-03/official/wsim-03-sbstta-14-inf-26-en.pdf.

（2）现状和趋势

天然矿泉水生产商最初遇到了来自农民的巨大阻力，花了十年的时间说服农民改变作业模式。通过与默滋河流域机构（Rhin Meuse River Basin Agency）和法国国家农艺研究所结成合作关系（这是该项目成功的关键），共同投资开展了四年研究，最后确定最佳农业作业方式。

（3）汲取的教训

得到当地市政府的支持很重要，他们也是从税收财政和创造就业机会中的获利者。一个中间协调机构与农民协商共事也非常关键，如此项目中位于流域中心的 Agrivair。新产生的挑战使得该计划不断改进，因此也需要随时间推进，不断调整计划适应新的形势。城市化不断加剧使得该计划将不得不拓展到非农场的市区。

严格监控计划执行对确保成功很有必要。该项目中，每天监测地表水和地下水质量。建立监测网络以监测流域内所有的行动，快速识别污染风险，并在必要时采取预防措施。另外，也定期监控生物多样性，特别是昆虫、鸟类种群和野花多样性。

（4）政策启示

生态系统服务的管理和生态补偿计划的建立是一项复杂的任务，并不能没有美好蓝图或快速解决途径。生态补偿计划必须具有适应性和创新性，以不断适应新的挑战。保证农民收入和提供所有技术创新费用非常重要，但是并不是全部。生态补偿取得成功主要因素并不是资金，关注技术、经济、社会、法律、地理、社会学和政治因素（土地市场、债务循环、劳动力制约、农民家庭的未来和农民联盟的角色）之间复杂的相互作用是理解农民生计的关键。跨学科研究组提供的调节和交流有助于与农民在信任的基础上开展对话，并促使找到双方都能接受的激励措施和做法。一个能鼓励多方参与的政策也是必不可少的。

6.4 国际案例的经验与教训

国际案例分析确立了众多有助于有效实施生态系统服务与管理政策的通用战略。中国必须制定一个国家层面的生态保护与建设政策。根据欧盟与联合国环境署的“生物多样性与生态系统服务的经济学”项目研究结果，国家层面生态系统服务与管理的国家政策应包括以下内容[①]：

- 通过生态补偿和市场为生态系统服务的提供者进行补偿；
- 改革不利于生态系统保护的补贴政策；
- 通过调节和定价措施扭转生态系统服务丧失的局面；
- 通过扩大保护地面积提高生态系统服务的价值；
- 投资生态基础设施建设；
- 确保建立不同用户群体公平获取和利用生态系统服务的机制。

此外，国际案例研究中所获得的一系列经验教训表明，成功的生态系统服务管理必须具备以下前提条件[②]：

- 必须制定有时间限定的可衡量的目标，生态系统服务必须具体和可量化。
- 必须意识到人类活动的各种影响，并采取必要的应对措施，这些措施包括保护生态系统的完整性、恢复受到破坏的生态系统，并允许对其他未受到严重威胁的生态系统进行合理利用。
- 必须确保利益相关方的广泛参与，利益相关方包括当地社区、国家和地区政府部门、企业以及科研机构。
- 必须制定一个征得各方一致同意的、协调不同利益相关方冲突的机制框架，利用生态系统服务的得失权衡作为协商平台。
- 基于生态系统服务的管理机制要求在生态补偿、生态恢复、生态监测方面进行投资，从生态系统服务中受益最大的利益相关方应为这些投资“埋单”。
- 生态补偿金或生态系统服务管理资金应按照基本的生态学原理以及所开展的生态系统服务管理活动的绩效来分配，提供更多生态系统服务的地区应相应获得更多的资金。那些在提供生态系统服务方面表现尤其突出的项目也应获得更多的追加投资或奖励。
- 在开展生态系统服务与管理创新和推广的初期阶段，应充分展示生态系统服务给人们带来的各种惠益（清洁水源、防洪、水力发电、供人食用的鱼类、作物灌溉、就业机会等）。
- 应按照生态系统状况和社会经济状况制定生态系统管理战略和规划。
- 生态系统服务和管理的投资规模应与生态问题的严重程度保持一致，投资不

---

① http：//www.teebweb.org/AboutTEEB/Background/tabid/1038/Default.aspx.

② http：//www.naturalcapitalproject.org/home04.html.

足可能导致生态系统无法得到有效保护。

满足上述的绝大多数标准，将有助于大大增强生态系统服务与管理。总体而言，如利用良好的科学方法开展有效的生态系统服务管理、明确受益者、政府制定管制政策、明确利益相关方的责任、利益相关方的参与，以及制定可持续出资的机制，均是成功实施生态系统服务管理的关键因素。必须大力改善不同层次政府部门之间的协调，增强私营企业和社会团体在生态系统服务保护、恢复和管理中的作用和贡献。

中国正在制定和实施生态保护政策，所开展的生态补偿项目日益增多，其中包括建立协商机制，让那些生态系统服务受益者与提供者直接进行补偿。值得注意的是，生态补偿和其他市场机制的政策框架正在中国快速形成[①]。从国际层面上看，直接补偿计划已开始蓬勃发展，并从政府补偿计划过渡到生态系统服务受益者与提供者之间的真正市场交易机制。

2007 年，全球生态系统服务的市场价值估计为 770 亿美元。预计到 2020 年，全球生态系统服务的价值总额将增至大约 3 000 亿美元[②]。从国际层面上看，生物多样性市场和生态标签认证市场表现非常活跃。预计在近期内，中国的碳市场和农业认证产品市场将在生态补偿和生态系统服务市场中占据很大比重。世界银行对中国生态服务市场开展的一项研究表明，更深入全面地了解中国生态系统服务市场、关键参与方以及这些活动和项目在各种生态系统服务和地区分布的现状，将有助于为决策者提供有价值的参考意见，使其认识到不同政府部门之间应该在哪些领域开展相互交流和合作才能最为有效地提高生态系统服务。与此同时，世界银行对那些能够最有针对性开展进一步研究的领域，以及能够将私营部门最为容易和有效地纳入环境保护计划中的关键合作伙伴和利益相关方提出了建议，要有效地制定和实施生态系统保护与管理，必须进行长期的投资。

“生态系统和生物多样性经济学”（TEEB）项目由欧盟部分成员国负责开展，

---

① M. T. Bennett 2009 *Markets for Ecosystem Services in China：An Exploration of China's "Eco-compensation" and Other Market-Based Environmental Policies.* A report from Phase I Work on an Inventory of Initiatives for Payments and Markets for Ecosystem Services in China Forest Trends，http：//www.forest-trends.org/documents/files/doc_2317.pdf.

② M. T. Bennett 2009 *Markets for Ecosystem Services in China：An Exploration of China's "Eco-compensation" and Other Market-Based Environmental Policies.* A report from Phase I Work on an Inventory of Initiatives for Payments and Markets for Ecosystem Services in China Forest Trends，http：//www.forest-trends.org/documents/files/doc_2317.pdf.

由联合国环境规划署主持，预计该项目将对生态系统服务和管理政策的制定产生深远的影响。该研究项目为针对生物多样性和生态系统服务丧失所造成的影响如何制定有效的对策提供了有价值的指导，并再次强调了生态系统服务与贫困之间的紧密联系。该项目认为，由于生态系统服务和生物多样性的保护不受重视，部分“联合国千年发展目标”（MDG）将难以实现。TEEB 项目表明，对生物多样性和生态系统服务价值的认识将促进国际社会实施温室气体减排的行动。该项目还突出强调了投资自然资产对于减缓和适应气候变化的重要价值①。

尽管目前国际上已有很多经验为政策提供科学信息支持的相关经验，但仍存在很大差距。TEEB 项目的研究结果显示，如果缺乏对生态系统服务和生物多样性的市场定价机制，那么在决策过程中就会忽视或低估生态系统服务和生物多样性所带来的惠益，所制定的政策和措施可能导致生物多样性丧失，并对人类福祉造成不利影响，进而影响经济社会发展的可持续性。目前生态系统服务和生物多样性丧失的程度令人触目惊心。仅仅因热带森林生态系统丧失所导致的温室气体排放就占全球温室气体排放量的 1/5，它所产生的影响远远超过了对气候变化的影响。其他生态系统服务的丧失也对人类的食物、淡水和能源安全带来了直接影响，可能成为影响所有国家日益严重的全球性问题。因此，必须通过法律手段来保护那些对生态系统服务的可持续管理至关重要的地区，制订和实施相关保护计划。

中国应借鉴国际相关生态系统服务与管理的经验，制定促进生态系统服务有效利用的国家战略，将之作为决策的基础，避免因政策冲突和在实施过程中缺乏协调所带来的问题。同时，制定基于生态系统服务的政策和措施，促进跨部门协调与合作，以提高中国生态系统服务的能力，不断创新的管理模式将有助于减少在制定政策和管理措施时进行得失权衡的可能性。此外，必须进一步加大对生态系统服务与管理的科研支持力度。

6.5 全球经验对中国的启示

尽管中国在森林和草原恢复、水供给及湿地生态服务功能保护、自然保护区、退化农业区和流域等生态投资很大，但并没有达到最优，因为国家层面的生态补偿

① TEEB 2009 *The Economics of Ecosystems and Biodiversity for National and International Policy Makers – Summary: Responding to the Value of Nature*. http://www.teebweb.org/ForPolicymakers/tabid/1019/Default.aspx.

机制尚未形成①。我们认识到，要使这一开创性的计划有效落实，必须是综合性的，综合经济、财政、生态、技术和机构性创新等。根据国际经验，生态系统服务保护在各地都是社会所有利益相关方共同关心的问题。为了当地人们和社区的环境、社会和经济效益，保护现有生态系统服务和恢复退化生态系统的行动应为所有人所认知，而且这些努力应该持续，并为农村居民提供更大的利益②。

预计全球对生态系统服务的需求，特别是与生态系统的生产功能相关的需求，到 2050 年都将会大幅增长。预计世界谷类消耗将增长 1.5～1.7 倍；鱼类消耗（到 2020 年）增长 1.3～1.4 倍，水消费增长 1.3～2 倍，生物燃料生产增长 5.1～11.3 倍③。根据该模拟，现有生态系统服务间的权衡替代将进一步加强，如农业用地的扩张（2000 年到 2050 年）将可能是现有的草地和森林土地及其相关生态系统服务土地（如基因资源、木材生产、陆地动植物栖息地）减少 10%～20%的主要原因。降低生态系统服务的损失对未来发展至关重要。

此阶段，我们必须认识到生态系统过程和功能的复杂多变，且其不确定性将随着与社会架构的相互作用而不断增长，这需要加深理解。因此，生态系统管理是一个学习过程，这个学习过程能够增进对生态系统管理的理解，并将某些地区生态系统管理与监测的已知方法论和实践经验本地化，为当地生态系统的管理所用。其实施计划设计必须能调整以适应于不可预料的变化，而不是简单地基于对确定性的认知而采取行动。生态系统管理需要识别影响自然资源使用的社会和文化因素的多样性。同样，政策制定和实施也需要有灵活性，而一个长期的、欠灵活的决策往往会失败，甚至具有破坏性的副作用。生态系统管理应被看作一个长期试验，且随着试验推进用其结果不断修正其设计。“边做边学”这种模式，将提供重要信息来源，从而获得如何更好监测其管理成果和评估已有目标是否实现的信息。从这个角度，最好能建立一个监测管理机构或增强监测管理机构的能力建设。

---

① A. G. Hanson，& F. Shen 2008 *Environment and Development for a Harmonious Society*. CCICED，Beijing.
② A. G. Hanson，& F. Shen 2008 *Environment and Development for a Harmonious Society*. CCICED，Beijing.
③ J. Alcamo，D. van Vuuren，C. Ringler，W. Cramer，T. Masui，J. Alder，and K. Schulze. *Changes in nature's balance sheet：model-based estimates of future worldwide ecosystem services.* Ecology and Society，2005，10（2）：19.

7 主要结论

近些年来，由于国家对资源环境问题的日益重视，并采取了一系列超常规的措施，使得我国在人口不断增长和经济快速发展的同时，生态系统保护和恢复工作也取得了重要进展。但是必须清醒地认识到，随着国家未来发展超强的经济社会需求和有限的资源环境条件，以及国际社会对于我国生态问题及其影响愈来愈强烈的关注，我国的生态系统管理仍将面临日益严峻的挑战。

为应对挑战，国合会生态系统服务与管理战略课题组通过系统研究得出如下结论：中国的生态系统保护和恢复初见成效，但生态系统服务能力不强；对生态系统服务的认识不足，生态系统管理严重滞后；森林、草地、湿地面积增长空间有限，提升生态系统服务能力是生态系统管理的必由之路；部门协调与社会参与机制是生态系统管理的基本保障；生态系统管理的科技支撑与能力建设亟待加强。

结论 1：中国生态系统保护和恢复初见成效，但生态系统服务能力不强

1998 年以来的 10 多年间，中央政府加大了对生态保护和恢复的投入。中央政府的投资已经超过 7 000 亿元，投资规模和强度史无前例，通过实施退耕还林（草）、天然林保护、退田还湖、退牧还草等重大生态工程，中国在森林、草地和湿地保护等方面取得了显著成效。截至到目前，全国自然保护区达到了 2 538 个，保护面积占国土总面积的 15.5%，已超过了世界平均水平。通过天然林保护和植树造林，森林面积持续增加，全国森林覆盖率达到 20.36%[①]；草地和湿地加速退化的趋势也得到一定遏制，退化速度趋缓。

情景分析结果表明，按“一切照常”的发展模式，会导致中国生态系统服务能力偏低；即使是“规划情景”的生态保护与恢复，往往也只是偏重某类生态系统服

① 国家林业局，第七次森林普查结果，2009 年。

务，如粮食生产、木材供给或水土保持功能等，而忽视了生物多样性、碳汇等多种服务。全国森林、草地和湿地等生态系统的服务能力不强，主要表现在：一是中幼龄林在森林生态系统中占主导地位，森林单位面积蓄积量和生产力低，远远低于世界平均水平，天然林和次生林面临退化的压力和威胁依然存在；二是草地生态系统退化，单位面积产肉量为世界平均水平的 30%；三是湿地生态系统面积仍在萎缩，功能持续退化。

中国生态系统服务能力不强的现状也预示着优化生态系统管理和提高生态系统服务能力还有很大的潜力。

结论 2：对生态系统服务的认识不足，生态系统管理严重滞后

生态系统服务是人类从生态系统所获得的利益，包括供给服务、调节服务、文化服务和支持服务四大类，但目前对生态系统所提供的服务尚未得到充分的认识和应用。由于对生态系统复杂性特征的认识不足，往往过分强调某一种服务而忽视其他服务，从而导致过度利用或利用不当，进而造成生态退化，难以满足社会对某些生态系统服务的需要。例如：20 世纪 80 年代以前，只重视森林的木材供给服务，过量砍伐天然林，导致森林面积减少和蓄积量锐减；2000 年以后，森林的木材供给服务被弱化，只重视森林面积的扩大，却忽略了经营管理，结果使得森林蓄积量的提高远远低于预期。目前，我国每年大约 40%的木材依赖进口，如果森林经营管理得不到迅速改善的话，在今后很长一段时间内，我国进口木材的数量还将不断扩大。同时，尽管生态建设的投入不断增加，但是许多生态建设工程的产出、生态效益和可持续性尚难以得到有效保障。

关键性区域发展规划没有充分认识天然草地与湿地的价值。例如，经国务院批准的《鄱阳湖生态经济区规划》、《江苏沿海开发规划》等使鄱阳湖湿地和江苏沿海湿地面临新的威胁。目前，在森林、草地、湿地保护与管理方面，还存在着许多法律冲突、部门利益冲突、政策冲突、规划冲突等问题，这既是中国对生态系统服务与管理认识不足的体现，也充分反映了中国生态系统管理严重滞后。

结论 3：森林、草地、湿地面积增长空间有限，提升生态系统服务能力是生态系统管理的必由之路

情景分析结果显示，2010 年，中国森林、草地、湿地面积占国土面积的 55.6%，农田、建设用地和未利用地占 44.4%，而在这 44.4%的土地中，改造成生态用地的空间非常有限。伴随着快速城市化过程，建设用地不但不会减少，而且无疑会大幅度增加；为了保障国家粮食安全，中国已经确定了保护18亿亩耕地的“红线”，确保耕地面积相对稳定；而近一半的未利用地为青藏高原高寒荒漠、高山冰川、塔克拉玛干沙漠、内蒙古高原戈壁等，根本不可能改造成森林或草原。因此，仅有11%的未利用地尚有转变为森林、草地或湿地的可能，但这些地方是野生动物的栖息地，改造不仅需要巨额投资，困难很大，而且还可能会威胁野生动物的生存。

我国政府承诺，到2020年森林面积增加4 000万hm^2；有关部门也制定了生态保护与建设规划，确立了大幅度增加森林覆盖率，确保天然湿地得到有效保护等目标。但就土地利用而言，增加一类生态系统面积，势必要减少其他生态系统的面积。目前，草地和湿地仍然面临着不断被侵占的压力和威胁，如把优质草地开垦为农田和建设用地的活动并未完全停止。因此，我国森林、草地与湿地生态系统管理的目标必须尽快实现从“以增加面积为主”向以“提高单位面积生态系统服务能力为主”的战略转变。

结论4：部门协调与社会参与机制是生态系统管理的基本保障

国际经验表明，成功的生态系统管理取决于以下基本要素，即生态保护建设规划要着眼于增强多种生态系统服务，而不只是某一种服务，需要跨部门协调；要有明确的目标、全面客观的监测体系与报告制度；要有平等分担成本和分享利益的有效机制；以及解决冲突的机制。

国内案例研究表明，完善立法、机构与政策，可以大大提高国家、省和县级层面的生态系统管理水平。在区域层面，统一规划和实施生态恢复项目，可以催生跨部门协调机制，并能取得改善生态系统管理的实际效果（黄土高原案例）；在省级层面或流域层面，良好的协调机制和体制是实施生态系统有效管理的保障，江西山江湖综合开发治理委员会和山江湖工程就是一个好例证（鄱阳湖案例）；在地方层面，县级行政区是有效实施生态系统管理的最小行政单元，利益相关方的广泛参与是基础。

国内外案例研究均表明，非政府组织、企业和社区民众的广泛参与是推动和实施有效生态系统保护和恢复的基础性力量。

结论5：生态系统管理的科技支撑与能力建设亟待加强

中国生态系统研究网络和黄土高原的案例表明，生态系统监测、长期研究与生态系统管理示范可以为生态系统优化管理提供至关重要的科技支撑。缺乏必要的科技支撑已经成为科学决策和生态系统优化管理的主要障碍。在这方面，目前存在的主要问题，一是针对主要生态系统及其变化的监测不足，生态系统管理相关的科学研究、决策监督和公众参与缺乏实时、可靠和开放的基础数据支持；二是生态系统服务与管理的科学研究缺乏向政策、决策和实践转化的有效渠道，造成大量科研成果难以在实践中得到应用，也使生态保护与建设的政策、规划因缺乏坚实的科学基础而实施效果不佳；三是迫切需要关注新的全球环境问题，如气候变化与极端气候事件、环境中过量的活性氮、磷等污染物质①；四是生态系统长期监测、评估和优化管理示范应提供更为广泛的科技支撑，为改善科学教育、公众参与、政府决策和生态文明建设提供基础。

① J. Rockström，W. Steffen，K. Noone，A. Persson et al.，2009，*A safe operating space for humanity*，Nature，461：472-475.

8 政策建议

目前，中国生态系统管理的主要矛盾是有限的自然资源、低下的生态系统服务能力与不断增长的经济社会需求之间的矛盾。中国不仅以世界7%的耕地养活了世界22%的人口，而且靠世界4%的森林、14%的草地和10%的湿地所提供多种生态服务，来支持13亿人的需求。这些服务不仅包括食物与木材等，还包括水源涵养、洪水调蓄、气候调节、土壤保持和生物多样性等。中国正处在工业化和城市化进程中，到2020年，人均GDP将在2000年的基础上翻两番[①]，50%以上的人口将在城市生活，这将大幅度增加对生态系统服务的需求。可以预见，到那时，人口增长和经济发展对生态系统的需求和压力将比目前要大得多。

为了解决生态系统服务需求增长而供给不足的矛盾，中国森林、草地与湿地等生态系统必须实行可持续管理。国合会生态系统服务与管理战略课题组建议，中国政府应制定生态系统管理战略，与计划生育、环境保护和资源节约一样，将生态系统可持续管理上升为基本国策。作为国家战略的重要组成部分，建议中国政府制定新的《全国生态保护与建设规划》，实现自然保护与生态建设“全国一盘棋”；分类管理、突出重点，提高森林、草地、湿地生态系统的多种服务能力，以满足不断增长的需求；加强各级政府对生态系统管理的综合协调，努力形成全社会共同参与的新局面；推进完善生态补偿机制，增加对生态系统保护与建设的长期投入；加强生态系统监测与评估，提高对生态系统管理的科技支撑能力。

建议 1：制定新的《全国生态保护与建设规划》，统筹部署全国的自然保护与生态建设

以《全国生态环境建设规划》和《国家生态保护纲要》为基础，制定新的《全

① 中共中央第十七次代表大会报告，2007年。

国生态保护与建设规划》，完善国家生态建设和自然保护的规划体系，实现生态系统管理“全国一盘棋”。该规划是有关部门、地区和重要流域开展生态建设规划与协调管理的重要依据。

（1）将生态系统途径（ecosystem approach）作为制定新的《全国生态保护与建设规划》的指导思想。国家有关部门应根据我国国情，并参考《生物多样性公约》所确定的生态系统途经的 12 条原则，确定新规划的指导思想。该规划原则应体现对生态系统、生物多样性、生态系统服务、生态系统管理之间的内在联系的新理解、新认识；该规划原则也应能在其他相关规划、计划、项目中采用；该规划原则还应强调提高生态系统的生产力、平等与扶贫、监测与评估等。

（2）新规划的总体目标是建立健全与可持续的生态系统。该规划应通过空间规划，避免由于局部过度开发导致大范围生态退化，目前应加强对天然林、草地、湿地等的有效保护，重点增强调节功能和生物多样性保护，以保障生态系统能够持续提供多种服务，并将天然林保护、草地和湿地恢复等列入优先行动，充分考虑未来经济社会发展目标对生态系统服务的需求。因此，该规划应以构建可持续的生态系统为立足点，以大幅度提高生态系统服务为核心。

（3）明确生态系统管理的量化目标与任务。1998—1999 年颁布了《全国生态环境建设规划》和《国家生态保护纲要》，经过十多年的超常规投入，圆满实现了 1998—2010 年的目标与任务。按照新时期的要求和形势变化，在国家主体功能区划的指导下，进一步明确 2011—2020 年全国生态保护与建设的目标与任务。另外，应制定关键区域与流域的生态保护与建设目标，以增强碳汇、水土保持、防灾减灾等多种生态系统服务。

（4）确定生态系统保护与建设的优先区域。并采取有针对性的技术措施，集成已有的分部门实施的生态保护和建设项目。根据生态系统的重要性、人口与经济的压力与威胁，确定生态保护与建设的优先区域。针对优先地区，应分别制定有针对性的工程措施、生物措施和管理措施，改变过去对森林、草地、湿地、水土资源等分部门管理的传统做法，在区域层面进行规划、政策与项目的整合与协调，确保区域生态保护与建设的整体性，确保国家生态投资与补贴的公平与效率。

（5）健全国家战略制定和实施的机构及政策保障。建议参照《国家中长期科学和技术发展规划纲要》和《国家中长期教育改革和发展规划纲要》的模式和做法，国务院成立由总理牵头的领导小组和专家支持组，指导国家生态战略的制定和实施。借鉴国内外重大国家战略实施的经验和机构与政策创新，比如林权制度改革、市场工具、集权与放权（比如将生态建设列入省级以下地方财政预算）等。

建议 2：分类管理、突出重点，提高森林、草地、湿地生态系统的服务能力

森林、草地和湿地等生态系统为地球生命支持系统的重要组成部分，在经济社会快速发展的进程中，急需采取针对性的措施，根据不同的生态系统类型和经济社会需求，提高其多种服务能力，以满足改善人类生存环境和经济社会发展的各种需求。在生态系统管理中，要平衡不同服务与社会需求之间的关系，调节供给服务与调节文化服务间的关系，使经济发展和社会进步决策并不损害生态系统的健康发展。

（1）加强森林生态系统集约管理，迅速提高森林生态系统的生产力和综合服务能力。我国森林生态系统管理的目标，应当由注重覆被率的提高，转变为在关注覆被率提高的同时，更加注重生态系统的集约经营并迅速提高生产力为主要任务的新阶段。在提高森林生态系统生产力的同时，不能忽视森林生态系统的调节服务、文化服务和支持服务，实现森林效益的最大化。课题组建议采取以下优先行动：

- 加强生态林改造，将大面积的生态林改造成兼具生物多样性保育、水土保持等服务能力，同时可以大量提供木材和林副产品的近自然林；
- 提高人工速生丰产林的良种率，做到种良、苗壮；加强幼、中龄人工林的抚育管理，大幅度提高林分的生长量；推行多目标管理途径，使森林兼具供给、调节、文化和支持功能；
- 继续加强对近熟和成熟天然林的保护，这些天然林在生物多样性、碳汇、生态系统适应性研究等方面具有不可替代的参照作用，应予以严格保护，禁止转为其他土地利用方式。

森林生态系统集约化经营与多目标管理的优先区包括温带—亚热带次生林与人工林区、黄土高原水土保持区、西南喀斯特石漠化防治区、东北天然林区、西南天然林区。

（2）开展退化草地恢复，提高防风固沙和防治沙尘暴的能力。由于长期对草地保护和可持续利用的投入不足，管理落后，目前农田开垦、城乡建设和矿产资源开发仍在占用草地，草原过牧和生物资源超采现象依然存在，所有这些均造成草地生态系统退化严重，并导致风沙侵蚀严重，沙尘暴频繁。为了扭转草地退化和灾害频繁的局面，课题组建议如下优先行动：

• 增加对草原牧区的投入。草原基础设施、牧民技能培训和技术支撑对提高生态系统生产力、促进草地畜牧业发展至关重要。应增加投入，通过半湿润和半干旱地区的人工草场建设，提高草地的生产能力和承载能力；

• 通过围栏放牧、休牧、禁牧等措施，降低过牧压力，提高草地的植被覆盖度；

• 制定更加切实可行的政策措施，帮助牧民转变实现草地利用方式，帮助牧民脱贫致富，帮助牧民防风沙固沙、抗御灾害；

• 牧区是我国少数民族居住区，也是贫困人口集中分布区。尊重牧民生产生活习惯，充分尊重当地牧民的宗教与文化习俗，发展生态旅游，促进牧民增收和减贫。

草地保护与恢复的优先区主要是北方半湿润－半干旱区草地、西北半干旱－干旱区草地和青藏高原草地。

（3）保护天然湿地，提高湿地的生物多样性和调节服务。鉴于中国湿地所面临的日益增加的压力与威胁，湿地保护与可持续利用的重要性尤为突出，湿地除了具有提供水产品、淡水和水生植物资源等供给服务外，还具有生物多样性保护和提供调节功能的价值。为此，课题组建议：

• 在大江、大河、大湖继续实施休渔、禁渔制度，并扩大范围、延长时间，控制过度捕捞，恢复江湖的渔产品供给能力；

• 维持和改善河流、湖泊与湿地的连通性和环境流，保证河湖湿地的环境流量，维持和改善河流、湖泊与湿地的健康状况；

• 保护天然湿地、恢复退化湿地，为水鸟、鱼类和水生生物提供栖息地；鼓励国家湿地公园建设，为公众和社区提供更多的文化和娱乐服务；

• 完善各类湿地保护的国家政策和法规，通过跨部门协调管理，将湿地作为单独的土地利用类型，列入国家土地利用调查与分类统计体系。加快促进《国务院湿地保护条例》的立法进程，为湿地保护与恢复提供坚实的法律基础。

湿地保护与恢复的优先区是东北平原湿地、长江中下游湖泊湿地、东部沿海滨海湿地、西北内陆湿地、青藏高原高寒湿地。

（4）改善自然保护区的生态系统服务，提高生物多样性。国家级自然保护区等各级各类自然保护区涵盖了典型的森林、草地和湿地生态系统，不仅在生物多样性保护中发挥着核心作用，而且还提供了多种生态系统服务。

• 增加生物圈保护区的面积，创建示范保护区。通过保护区生态系统的供给功能的可持续利用与开发，改善保护区周边社区居民的生计。

• 调整保护区的保育策略，增强自然保护区的调节服务。自然保护区的保育策略应当由基于物种的保护向生态系统整体的保护转变，在景观与流域尺度上，促进自然保护区之间的廊道建设与保护区网络建设（如欧盟实施的 Narura2000 保护区计划、长江流域湿地保护网络等）。

• 努力挖掘自然保护区的文化与休闲功能，适当增加草原保护区的数量和保护面积。

• 加快自然保护区管理的立法进程。自然保护区管理需要环保、林业、农业、海洋等部门参与，是跨部门的协调与管理，目前国务院现行的《国务院自然保护区条例》已经过时，建议全国人大常委会环资委加快向有关部门和公众征求意见的过程，尽快颁布新的实施条例。

建议 3：加强各级政府在生态系统管理的综合协调，努力形成全社会共同参与的新局面

生态系统管理涉及中央各部门、省级政府和县级政府的不同层面，社会团体（企业、社区、NGO）也在其中扮演着不可或缺的重要角色。因此，如何加强各级政府的组织协调，如何充分发挥社会团体在生态系统管理中的作用，将直接影响到生态系统管理的成效。

（1）在中央政府层面跨部门、跨地区的综合协调。目前的生态保护与自然资源开发的立法属于部门立法，应当结合最新形势重新审查相关法律法规，不断修订现有森林、草原和湿地法规中相互矛盾的条款。将生态系统管理的理念贯穿于工业、农业、林业、水利和渔业发展之中，并逐渐实现主流化。建立和完善中央与地方政府的生态系统管理与协调机构，理顺不同政府部门之间和大流域上下游不同行政区之间的协调与合作机制。

（2）在省级政府层面，确立省级人民政府对生态系统管理“负总责”的制度，在生态建设规模大、任务重的中西部省（市、区）建立省级生态系统管理和协调机构，使其成为生态建设、规划和管理的决策主体，促进部门间协调与合作。江西省山江湖开发治理委员会及办公室在生态保护与恢复中的做法值得借鉴。

（3）在县级政府层面，借鉴四川省宝兴县开展生态系统管理的经验和做法，在中西部地区部分县级政府中开展生态系统管理试点，提高县域层面生态保护与建设工作的统筹管理能力，提高生态系统管理的有效性和效率。

（4）努力提高企业、社区与公众对生态系统管理重要性的认识，充分发挥他们在生态系统管理中的作用。企业是生态系统服务的受益者，也是损坏者，更应该是贡献者，推行企业社会责任是生态系统服务与管理的重要组成部分，规范企业生产经营行为，减少企业的生态足迹；社区是生态系统服务的直接受益者，也是维护者和监督者，需要加强社区的能力建设，将生态系统管理纳入科普宣传与学校教育的范畴，增强公众对生态系统重要性的认知，提高公众参与生态保护与建设的主动性；课题组在泰国、欧洲的生态系统管理调研表明，环境领域的NGO是联系政府、企业和公众的重要纽带，是生态系统服务与管理的积极倡导者、支持者、监督者和实践者，是生态保护的一支重要力量，需要政府在融资政策上有立法保障，在行动上有实质性支持，营造宽松的工作氛围。

建议4：推进实施生态补偿政策，增加对生态系统保护和建设的长期投入

从最近十多年各地所取得的生态保护与建设成果来看，中央政府的工程投入和财政补偿在森林、草地和湿地生态系统恢复与重建方面起到了决定性作用。建议尽早出台《国务院生态补偿条例》，指导全国层面的生态补偿工作。鉴于生态系统管理的长期性和艰巨性，在今后比较长的时期内，仍应不断增加生态系统保护与管理的投入，使生态系统服务能力得到持续提升。

（1）继续实施已有的国家生态建设工程和农户补贴政策。国家生态工程包括退耕还林（草）、天然林保护、京津风沙源治理、退牧还草、湿地保护等生态建设工程，多项国家生态建设工程应稳定资金渠道和资金投入总量，巩固已有的生态建设成果。逐步将退耕还林（草）后的林地（草地）纳入国家生态补偿的范围。鉴于我国已基本完成牧区承包和林权改革，林地与草地等已明确界定了长期使用权，从2016年开始，退耕还林（草）补偿延长期陆续到期后，宜与林权改革后的林地实行一体化管理，按照公益林标准进行补偿。为了保持政策的连续性和一致性，在今后几年中，应逐步提高公益林补偿标准，以确保退耕还林等生态建设的成果得以持续。

（2）在中西部生态脆弱区实施新的生态保护与恢复工程。将江河源头区、严重水土流失区、重要饮用水源区、自然保护区等纳入国家生态保护和建设工程的范围，将生态建设与新农村建设和扶贫项目紧密结合，统一规划，分省区实施，并通过中央财政转移支付、生态建设项目资金投入和生态补偿等资金机制，为中西部生态保护与建设提供稳定的资金支持。

（3）对提供生态系统服务的广大乡村地区实行“以奖促治”的财政激励政策。

中国城乡发展很不平衡，在作为提供生态系统服务的广大乡村尚未能平等地分享生态保护和经济社会发展的成果。水源涵养、气候调节、碳汇、防灾和文化休闲等许多生态系统服务尚难以体现其现实的市场价值，因此，需要建立城乡之间的生态补偿机制，由生态系统服务的消费区（主要是城市）向生态系统服务的供给区（主要是乡村地区）提供“以奖促治”的财政激励政策，使提供生态系统服务的乡村地区能从生态保护中受益，实现自然保护与乡村发展的“双赢”。

（4）有针对性地制定和完善生态补偿政策，并开展生态补偿试点。以生态系统服务为基础，根据生态系统服务受益主体的不同特点，对于可明确界定受益主体的生态系统服务（如供给服务、文化服务），按照“谁受益，谁补偿”或者“谁占用，谁付费”的原则进行补偿。对于难以明确界定受益主体的生态系统服务（如调节服务、支持服务），按照公益性原则，建立和完善森林、草地与湿地的公益性补偿基金，按照面积和生态系统服务分类进行生态补偿。在国家生态补偿框架下，中央政府应当为国家级自然保护区设置充足合理的预算。

（5）建立生态建设项目的多元化投融资机制，培育生态建设产业和市场。借鉴黄土高原水土保持和退耕还林（草）实践中涌现出的“大户治理”、“绿色信贷”、“工业反哺农业”、“工业投资生态”、“国际援助和贷款”等生态建设的多种投融资模式，在中西部地区选择部分地区开展投融资机制试点，制定优惠政策，吸纳社会资金，促进生态建设投入的多元化和可持续性。

建议 5：加强生态系统监测与评估，提高生态系统管理的科技支撑能力

黄土高原等地生态建设项目说明，长期生态系统监测与研究至关重要。目前中国面临着一些新的生态风险问题与挑战，例如气候变化与极端气候事件、碳汇、农业与化石燃料燃烧带来的活性氮排放等，这将影响中国的长远发展和国家利益，这些风险与挑战迫切需要进一步提升我国生态系统管理的科技支撑能力，包括生态系统长期监测、研究与评估的能力。

（1）建立国家层面的生态系统监测研究网络。促进国家生态系统野外科学观测研究网络建设和发展，加强能力建设，完善区域布局，提供长期稳定的支持，为我国生态系统管理提供关键科学数据、优化管理示范模式和关键技术，并关注对国家利益至关重要的迫切问题，如碳汇、气候变化适应和氮沉降等。

（2）开展国家生态系统状况与变化的周期性调查与评估。在森林、草地、湿地等资源普查和本底调查的基础上，综合运用生态系统监测研究站的定位观测、遥感分析和模型模拟技术等，分析脆弱生态系统问题演变态势，客观评价我国生态系统服务的变化过程，开展五年一次的综合评估，为国家“五年计划”提供国家生态系统状况报告和相关决策支持依据。

（3）推动气候变化与生态系统适应性的长期监测、试验与研究，开展生态系统适应气候变化管理的试点示范。

（4）开展生态系统管理的教育与培训工作。将生态系统服务与管理的理念引入到学校教育的教材中，并通过各级党校等渠道，向国家、省和县的领导干部提供培训。

致谢

我们要首先感谢中国环境与发展国际合作委员会（以下简称国合会）核心资金和中欧生物多样性保护项目为本课题组活动共同提供的资助。感谢本课题组的中外方专家所参与的讨论、交流和调查活动，为研究工作奠定了坚实的基础。我们要特别感谢国合会中方首席顾问沈国舫院士、外方首席顾问 Arthur Hanson 博士，首席顾问的支持团队任勇、王小文、周国梅，以及国合会秘书处的方莉、李永红、李海英和李勇，国际支持办公室的 Chris Dagg 和戴易春，中国—东盟环境保护合作中心郭敬，中国科学院资源环境科学与技术局冯仁国、杨萍，感谢他们为课题组提供的信息、组织和协调支持。衷心感谢环保部国际合作司孙雪峰、环保部对外经济技术合作中心岳瑞生、杨晓玲，联合国开发计划署驻华代表处孙学兵、郭寅峰以及欧盟驻华使团黄雪菊，中欧生物多样性项目的钦立毅、Spike Millington、John MacKinnon、王海滨、赵海军和刘祥如等所提供的协调支持。

课题组在开展情景分析和国内外案例研究过程得到了国家自然科学基金委员会、中科院地理科学与资源研究所、中科院生态环境研究中心、北京林业大学、斯德哥尔摩环境研究所、德国联邦自然保护局、荷兰瓦格宁根大学研究中心、中国环境科学研究院、中科院成都山地灾害与环境研究所、江西省山江湖开发治理委员会办公室、世界自然基金会中国分会等为本课题组的研究及其他活动所提供的人员和后勤支持。来自上述单位的支持专家协助本课题组开展了案例研究、情景分析，并参与了有关研讨会和实地考察活动。

在鄱阳湖流域、黄土高原、泰国南部、荷兰、奥地利、瑞士和德国等国内外考察过程中，课题组得到了国家自然科学基金委员会国际合作局、江西省山江湖开发治理委员会办公室、延安市政府、延安市林业局、婺源县科技局、鄱阳湖国家级自然保护区管理局、中科院鹰潭红壤生态实验站、中科院安塞水土流失综合实验站、中科院鄱阳湖湖泊生态研究站、斯德哥尔摩环境研究所亚洲中心、泰国环境部、泰国 CARIN 亚洲中心、荷兰瓦格宁根大学、绿色世界研究所、荷兰生态研究所等组织和机构的协助，使课题组能够实地考察各地生态系统管理的示范项目，与利益相关方进行座谈与交流。

在政府部门调研和专家咨询过程中，课题组得到国家发展和改革委员会、农业部、环境保护部、国家林业局、全国人大环境与资源委员会法案室等部门的支持，特别是孙桢、庄国泰、崔书红、李怒云、严承高、章力建、宋小智、王斌、王凤春、吴晓春、王晓鸿、戴广翠、房志、何军、蒋三乃、李兵、李拥军、鲍达明、王隆富、王庶、潘英姿、时彦民、汪仕勇等人所提出了许多的建设性意见和建议。

课题组也得到了欧盟驻华使团、国际应用系统分析研究所、世界自然基金会总部、世界自然保护联盟总部和北京联络处、《湿地公约》秘书处、德国联邦自然保护局、美国大自然保护协会北京办公室等国际组织和机构的帮助，特别是李利锋、张英兰、陈民、朱春泉、牛志明、魏娟、于倩、薛艳艳、Nicholas Costello、Stefan Bundscherer、Andreas Krug、Bettina Hedden-Dunkhorst、Eva Axthelm、Florian Kraxner、Mechthild Adameit、Monika Thowsen、Nina Rør、Susanne Lehmann、Thomas Koing、Lew Young。

课题组得到中国科学院、大学等国内机构与专家的支持，他们参加了课题组的学术会议与讨论会，并提供了许多意见和建议，这些专家包括：李文华、刘纪远、韩兴国、于贵瑞、王克林、王毅、刘国彬、赵新全、谢高地、李胜功、甄霖、姜彤、刘永志、陈亚宁、董鸣、张林波、韩晓增、贺秀斌、蒋高明、李新荣、刘庆、宋长春、王辉民、张宪洲、朱教君、汪思龙、肖洪浪、周建国、陈佐忠、杜国祯、王晓毅、于长青、戴年华、梁音、陈宇伟、靳乐山、王忠锁、李仁强等。赖鹏飞等为中英文翻译提供了帮助。

在此，我们向上述为课题组提供支持和建议的相关机构和个人表示衷心的感谢！